湖南省城镇排水行业年度发展报告 2021

湖南省城乡建设行业协会 编制

U0298729

中国建筑工业出版社

图书在版编目（CIP）数据

湖南省城镇排水行业年度发展报告. 2021 / 湖南省
城乡建设行业协会编制. —北京：中国建筑工业出版社，
2023.8
ISBN 978-7-112-28870-0

Ⅰ.①湖… Ⅱ.①湖… Ⅲ.①城市排水—产业发展—
研究报告—湖南—2021 Ⅳ.①TU992

中国国家版本馆CIP数据核字（2023）第117108号

　　湖南省城镇排水行业年度发展报告是一部排水行业的专业工具书，每年一册。由湖南省城乡建设行业协会排水分会主编，数据收集与分析对行业发展有重要参考作用，全书分为4章，分别为湖南省城镇排水发展现状、湖南省城镇排水现状分析、创新发展与实践、排水工程典型案例，书最后有全国城镇排水发展概况、国内2021年排水行业政策两个附录。

　　本书适合排水行业从业人员参考借鉴，也适合各地图书馆、档案馆作为资料留存。

责任编辑：边　琨
书籍设计：锋尚设计
责任校对：张　颖
校对整理：赵　菲

湖南省城镇排水行业年度发展报告2021
湖南省城乡建设行业协会　编制
*
中国建筑工业出版社出版、发行（北京海淀三里河路9号）
各地新华书店、建筑书店经销
北京锋尚制版有限公司制版
北京市密东印刷有限公司印刷
*
开本：787毫米×1092毫米　1/16　印张：6½　字数：120千字
2023年9月第一版　　2023年9月第一次印刷
定价：**58.00**元
ISBN 978-7-112-28870-0
（41287）

参编单位

湖南省城乡建设行业协会排水分会

湖南省建筑设计院集团股份有限公司

湖南省建筑科学研究院有限责任公司

湖南大学设计研究院有限公司

中机国际工程设计研究院有限责任公司

长沙市城区排水事务中心

长沙中科成污水净化有限公司

湖南首创投资有限责任公司

湖南省城乡环境建设有限公司

湖南湘牛环保实业有限公司

编写组成员

王晓东	尹华升	庞 胜	王新夏	罗友元	柳 畅	熊丽娟	游 俏
董 超	汤 恕	张 玲	丁 洁	张哲麟	王荣娟	刘月曼	李 浩
陈小珍	王 一	黄茂林	李雪瑶	何 全	周 焱	程继学	谭 觉
蒋宏装	田 蓉	韩 静	宁 宇	张 腾	陈博儒	刘杨华	方志斌
谭杰文	刘 焘	袁雅洁	蓝 翔	向丹丹	李鹏宇		

审核专家

杨青山　罗惠云　陈 蕃　陈世洋　许仕荣　李绪忠　黄伏根　李全明

前　言

　　城镇排水与污水处理是重要市政公用事业，关系到城镇环境生态、居民健康、社会经济发展。从1984年湖南省建成第一座污水处理厂——长沙市第一污水处理厂开始，经历了全省实施城镇污水处理设施建设三年行动计划、"两供两治"建设实施方案等大规模污水处理设施建设高峰。至今，湖南省排水与污水处理取得长足进步，污水处理设施覆盖到全省市、县、乡镇，污水处理行业从规模化发展逐渐转变到规范化运营，打造出一批科研、设计、建设、运行知名企业，培养出一批高素质、专业化人员队伍。全省排水人的不断努力，践行习近平总书记的生态文明思想和"绿水青山就是金山银山"理念，全省水环境不断改善，居民幸福指数不断提高，推动排水行业绿色转型、系统均衡、多元化发展。

　　数据收集与分析对行业发展有重要参考作用。《湖南省城镇排水行业年度发展报告》是湖南省城乡建设行业协会排水分会（以下简称"排水分会"）的重点工作之一。排水分会作为牵头单位，会同行业相关单位和专家编撰《湖南省城镇排水行业年度发展报告》，重点聚焦国内情况、省内状况、政策发布、技术动态、发展热点、协会工作等方面，目的是打造成为排水行业的工具书，为排水行业从业人员提供参考借鉴。

　　排水分会成立以来，不断积累和总结行业发展经验，掌握行业动态、分析现状，推动行业规范化发展，希望通过发布行业发展报告的形式，提供有益的借鉴。

　　此次为排水分会首次编制《湖南省城镇排水行业年度发展报告》，数据收集和分析主要体现在城镇污水处理、排水管网建设等。后续将不断补充城区排水防涝、黑臭水体治理等内容。

　　《湖南省城镇排水行业年度发展报告》的编撰是一项浩繁工作，数据收集分析、政策规范查找、调研与案例分析等，工作量大且难度高，在编制过程中，得到省内各方支持，在此，对他们的支持和付出致以崇高敬意和感谢。

　　编撰《湖南省城镇排水行业年度发展报告》是排水分会的一项新工作，由于时间紧、经验缺乏，难免出现纰漏和不足，敬请批评指正。

《湖南省城镇排水行业年度发展报告2021》编制组

目 录

第 **3** 章　创新发展与实践

第 **4** 章　排水工程典型案例

第 1 章

湖南省城镇排水发展现状

根据《中国城乡建设统计年鉴》（2021）和全国城镇污水处理管理信息系统数据，2021年湖南省城市和县城排水管道长度39687.58km，排水设施建设固定资产投资为151.78亿元；2021年湖南省县以上生活污水处理厂共165座，处理能力为991.9万m^3/d，实际处理水量为886.97万m^3/d，干污泥年产生量为40.66万t，干污泥年处置量为40.3万t。

1.1 污水处理厂

1.1.1 基本情况

截至2021年底，湖南省共有165座县以上生活污水处理厂，较2020年新增2座，各市州的污水处理厂数量如图1.1-1所示。

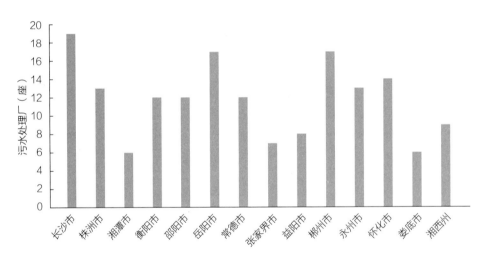

图1.1-1 2021年全省各市州县以上生活污水处理厂数量统计
数据来源：全国城镇污水处理管理信息系统

1.1.2 排放标准❶

截至2021年，湖南省有7座污水处理厂出水排放标准为准Ⅳ类（湖南省地标一级，以下都称"准Ⅳ类"），133座污水处理厂出水标准为《城镇污水处理厂污染物排放标准》GB 18918—2002中的一级A标准（以下简称一级A），26座污水

---

❶ 2021年湖南省县以上生活污水处理厂排放标准数据中，长沙市洋湖再生水厂排放标准分期统计。

处理厂出水标准为一级B标准（以下简称一级B）。出水排放标准为准Ⅳ类的污水处理厂均在省会长沙，长沙市、株洲市、湘潭市、岳阳市、益阳市、永州市的县以上生活污水处理厂排放标准均在一级A及以上，如图1.1-2所示。

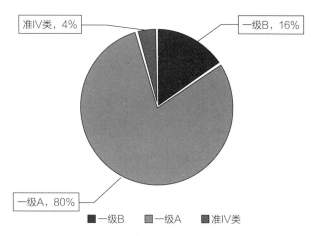

图1.1-2　2021年全省县以上生活污水处理厂出水排放标准类型占比
数据来源：全国城镇污水处理管理信息系统

1.1.3　设计规模

截至2021年，湖南省县以上生活污水处理厂总设计规模991.9万m³/d，其中11%的污水处理厂设计规模在1万m³/d及以下，62%的污水处理厂设计规模在1万～5万m³/d之间（不含1万m³/d），13%的污水处理厂设计规模在5万～10万m³/d（不含5万m³/d）之间，12%的污水处理厂设计规模在10万～20万m³/d（不含10万m³/d）之间，3%的污水处理厂设计规模大于20万m³/d，如图1.1-3所示。

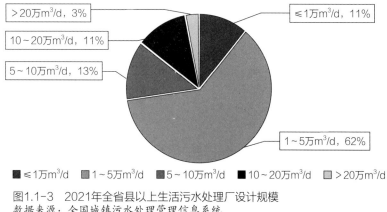

图1.1-3　2021年全省县以上生活污水处理厂设计规模
数据来源：全国城镇污水处理管理信息系统

1.1.4 2021年实际处理水量

2021年湖南省城市和县城平均日供水总量为920.97万m³/d，生活污水处理厂实际平均日处理水量❶为886.97万m³/d，其中37座污水处理厂的实际处理水量超出了设计处理规模，14个市州均有分布。湘潭市和永州市污水处理厂2021年总处理水量超过了总设计规模，如图1.1-4所示。

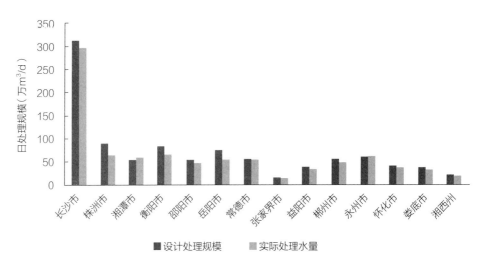

图1.1-4 2021年全省各市州县以上生活污水处理厂实际平均日处理水量与设计规模对比情况
数据来源：全国城镇污水处理管理信息系统

1.1.5 进出水水质❷

2021年湖南省县以上生活污水处理厂平均进水COD浓度为176.39mg/L，平均出水COD浓度为13.35mg/L，全年COD削减量为52.78万t；平均进水BOD_5浓度为74.47mg/L，平均出水BOD_5浓度为3.37mg/L，全年BOD_5削减量为23.02万t；平均进水NH_3–N浓度为14.71mg/L，平均出水NH_3–N浓度为0.77mg/L，全年NH_3–N削减量为4.51万t；平均进水TN浓度为21.89mg/L，平均出水TN浓度为7.29mg/L，全年TN削减量为4.73万t；平均进水TP浓度为2.74mg/L，平均出水TP浓度为0.20mg/L，全年TP削减量为0.82万t，如图1.1-5～图1.1-9所示。

---

❶ 2021年湖南省县以上生活污水处理厂实际处理水量数据不包括永兴县城南高新污水处理厂。
❷ 2021年湖南省县以上生活污水处理厂进出水水质数据不包括永兴县城南高新污水处理厂。

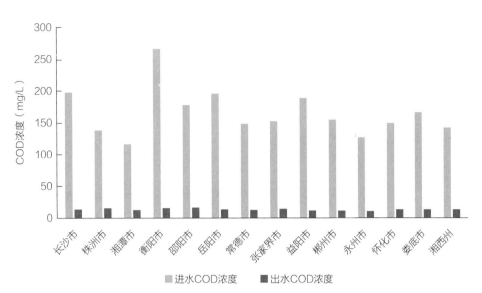

图1.1-5 2021年全省各市州县以上生活污水处理厂进出水COD浓度
数据来源：全国城镇污水处理管理信息系统

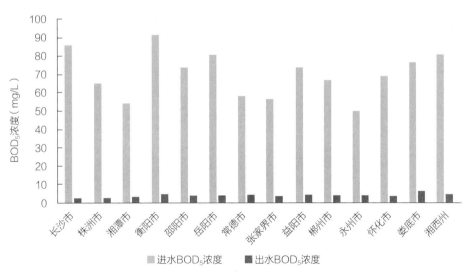

图1.1-6 2021年全省各市州县以上生活污水处理厂进出水BOD₅浓度
数据来源：全国城镇污水处理管理信息系统

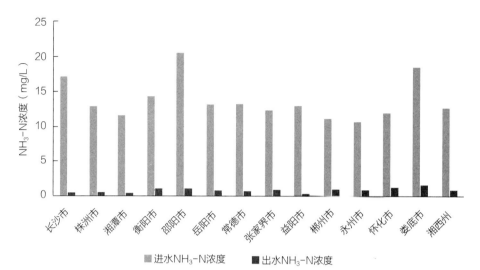

图1.1-7 2021年全省各市州县以上生活污水处理厂进出水NH₃-N浓度
数据来源：全国城镇污水处理管理信息系统

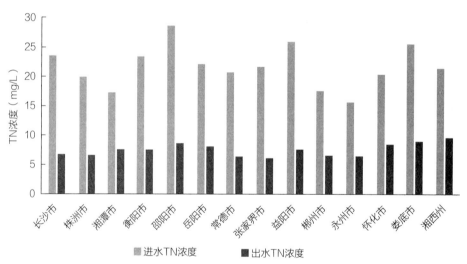

图1.1-8 2021年全省各市州县以上生活污水处理厂进出水TN浓度
数据来源：全国城镇污水处理管理信息系统

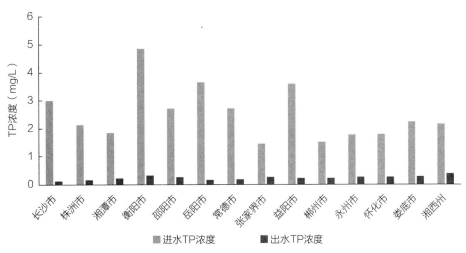

图1.1-9　2021年全省各市州县以上生活污水处理厂进出水TP浓度
数据来源：全国城镇污水处理管理信息系统

1.1.6　污水处理工艺❶

截至2021年，湖南省县以上生活污水处理厂的常规处理工艺普遍采用A^2O和氧化沟，部分污水处理厂采用几种不同工艺进行组合应用，如图1.1-10所示。

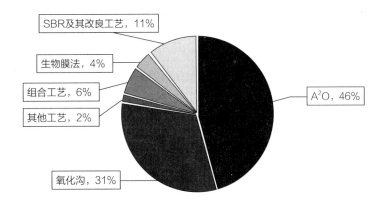

图1.1-10　2021年全省县以上生活污水处理厂常规处理工艺
数据来源：全国城镇污水处理管理信息系统

---

❶ 2021年湖南省县以上生活污水处理厂常规处理工艺数据中，长沙望城污水处理厂、株洲河西污水处理厂、江永县污水处理厂、娄底市第一污水处理厂分期统计。

1.1.7 污泥处理处置情况❶

2021年湖南省县以上生活污水处理厂湿污泥产量为203.38万t（以80%含水率计），平均出厂含水率为63.23%，绝干泥量为40.66万t。17%的污水处理厂的污泥出厂含水率在50%以下，7%的污水处理厂的污泥出厂含水率为50%，64%的污水处理厂的污泥出厂含水率在50%~80%，10%污水处理厂的污泥出厂含水率为80%，如图1.1-11所示。

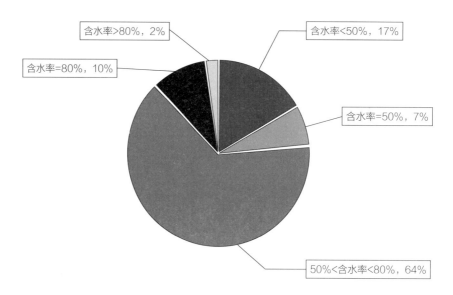

图1.1-11　2021年全省县以上生活污水处理厂污泥出厂含水率
数据来源：全国城镇污水处理管理信息系统

2021年湖南省县以上生活污水处理厂污泥处置方式主要包括土地利用、建材利用、焚烧利用、卫生填埋、其他，实际绝干污泥年处置量约40.3万t，其中卫生填埋量占比36%，建材利用量占比29%，焚烧利用量占比20%，土地利用量占比9%，其他方式处置量占比6%，如图1.1-12所示。

---

❶ 2021年污泥数据缺永兴县城南污水处理厂和株洲县南洲污水处理厂的数据，长沙洋湖再生水厂、宁乡市污水处理厂、株洲河西污水处理厂、株洲龙泉污水处理厂、株洲白石港水质净化中心、湘潭河东污水处理厂、邵阳红旗渠污水处理厂、岳阳马壕水质净化中心、津市市污水处理厂、永州下河线污水处理厂分期统计。

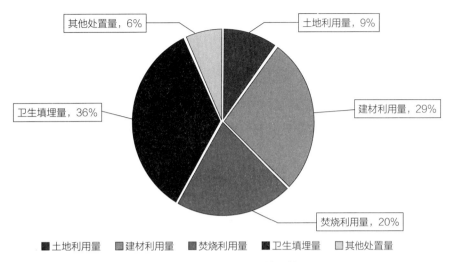

图1.1-12　2021年全省县以上生活污水处理厂污泥处置情况
数据来源：全国城镇污水处理管理信息系统

1.1.8　年用电量❶

2021年湖南省县以上生活污水处理厂总用电量为8.59亿kW·h，平均吨水用电量为0.27kW·h/m³，其中益阳市污水处理厂平均吨水用电量最高，为0.36kW·h/m³，永州市污水处理厂平均吨水用电量最低，为0.16kW·h/m³。对于同一市州范围内：

出水排放标准为准Ⅳ类的污水处理厂平均吨水用电量>出水排放标准为一级A的污水处理厂平均吨水用电量>出水排放标准为一级B的污水处理厂平均吨水用电量，如图1.1–13、图1.1–14所示。

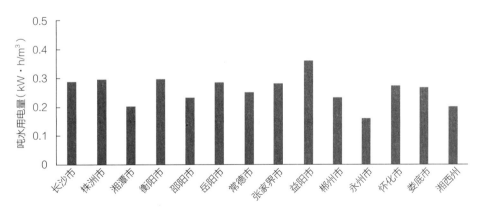

图1.1-13　2021年全省各市州县以上生活污水处理厂吨水用电量
数据来源：全国城镇污水处理管理信息系统

---

❶ 2021年湖南省县以上生活污水处理厂用电量数据不包括永兴县城南高新污水处理厂。

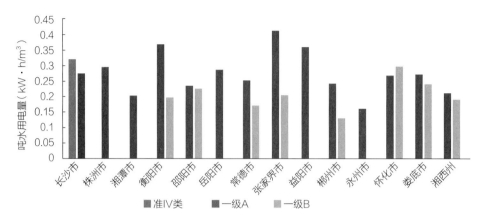

图1.1-14 2021年全省各市州县以上生活污水处理厂不同出水标准吨水用电量
数据来源：全国城镇污水处理管理信息系统

1.2 排水管网

1.2.1 管网长度

截至2021年，湖南省城市和县城排水管网总长度达到39687.58km，其中污水管道15396.08km，占比为38.79%、雨水管道15545.11km，占比为39.17%，雨污合流管道8746.39km，占比为22.04%。排水管道总长度较2020年增长10.31%。14个市州中排水管道总长度排名前三的为长沙、常德、衡阳，分别为8328.57km、3935.85km、3489.09km，如图1.2-1～图1.2-3所示。

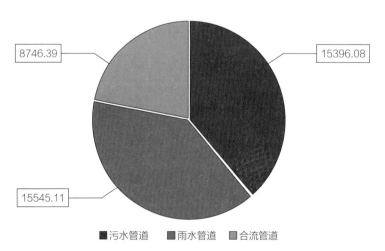

图1.2-1 2021年湖南省城市和县城不同类型排水管道长度情况
数据来源：《湖南省城市建设统计年鉴》

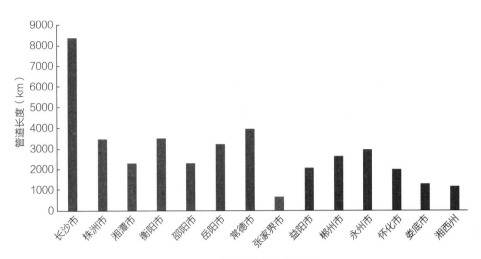

图1.2-2　2021年湖南省各市州城市和县城排水管道长度情况
数据来源：《湖南省城市建设统计年鉴》

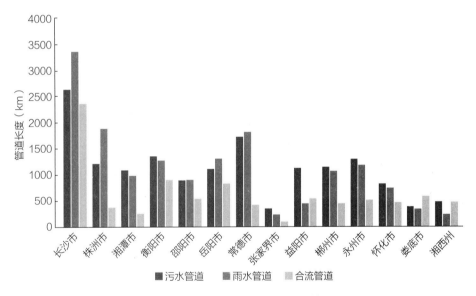

■污水管道　■雨水管道　■合流管道

图1.2-3　2021年湖南省各市州城市和县城不同类型排水管道情况
数据来源：《湖南省城市建设统计年鉴》

1.2.2　管网密度

截至2021年，湖南省城市和县城建成区排水管道密度平均为10.86km/km^2，较2020年增长13.4%。全省十四个市州中建成区排水管道密度排名前三的为株洲、湘潭、岳阳，分别为14.26km/km^2、14.25km/km^2、13.29km/km^2，如图1.2-4所示。

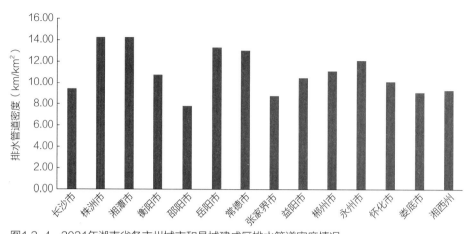

图1.2-4　2021年湖南省各市州城市和县城建成区排水管道密度情况
数据来源：《湖南省城市建设统计年鉴》

1.3 排水设施投资情况

根据《中国城乡建设统计年鉴》（2021），2021年湖南省城市和县城排水设施建设固定资产投资为151.78亿元，其中城市排水设施建设固定资产投资为100.52亿元，县城排水设施建设固定资产投资为51.26亿元。

2021年湖南省城市污水处理设施建设固定资产投资44.25亿元，污泥处置设施建设固定资产投资5.71亿元，再生水利用设施建设固定资产投资2.45亿元。

2021年湖南省县城污水处理设施建设固定资产投资41.91亿元，污泥处置设施建设固定资产投资0.15亿元，如图1.3-1所示。

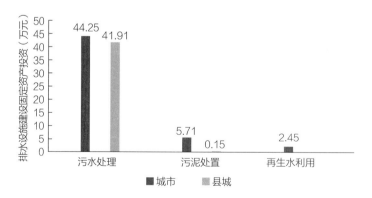

图1.3-1　2021年全省城市和县城排水设施固定资产投资情况（亿元）
数据来源：《中国城乡建设统计年鉴（2021）》

1.4 13个地级市和吉首市排水和污水处理设施对比分析

1.4.1 基本情况

2021年湖南省13个地级市（市本级，下同）和吉首市共60座市级污水处理厂，各城市污水处理厂座数对比如图1.4-1所示。

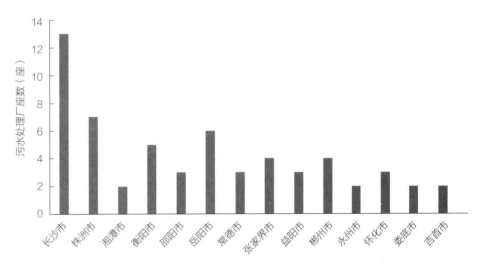

图1.4-1 2021年湖南省13个地级市和吉首市污水处理厂座数
数据来源：全国城镇污水处理管理信息系统

污水处理厂座数与市州经济状况和发展水平密切相关，湖南省国民经济总量（GDP）排名前的长沙、株洲和岳阳，污水处理厂座数占全省污水处理厂座数的44.1%，其他城市污水处理厂个数分布较均匀。未来城市污水处理厂座数及分布或将随着经济、工业化和城镇化发展的差异性呈现不同程度的变化。

1.4.2 设计规模

湖南省13个地级市和吉首市城市污水处理厂设计总规模为648.9万m³/d，各城市2021年设计规模对比情况如图1.4-2所示。

从处理规模看，省会长沙市污水处理设计规模最大，达到242万m³/d，占13个地级市和吉首市污水处理厂设计总规模的37%，其次株洲市设计处理能力70万m³/d，

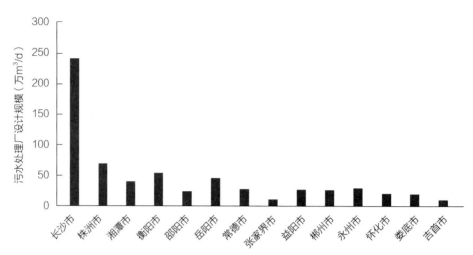

图1.4-2　2021年湖南省13个地级市和吉首市污水处理厂设计规模
数据来源：全国城镇污水处理管理信息系统

占比10%。20万m³及以上的污水处理厂9座，占13个地级市和吉首市污水处理厂总数的15%，长沙市4座、株洲市1座、湘潭市2座、衡阳市1座、永州市1座。5万m³以下污水处理厂19座，占污水处理厂总数的32.2%。

1.4.3　实际处理水量

　　湖南省13个地级市和吉首市共60座污水处理厂，2021年实际处理水量为597.9万m³/d，其中长沙市处理水量最多达236.7万m³/d，其次为株洲市、湘潭市，2021年各城市实际污水处理水量对比如图1.4-3所示。

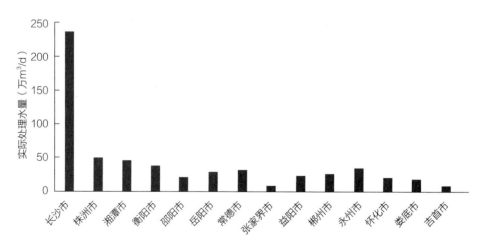

图1.4-3　2021年湖南省13个地级市和吉首市污水处理厂实际处理水量
数据来源：全国城镇污水处理管理信息系统

2021年湖南省13个地级市和吉首市总水力负荷率为92%。永州市、湘潭市、常德市和郴州市4个城市污水处理厂日均实际处理水量已超过设计规模，其中永州市实际处理水量超设计规模16.9%，湘潭市实际处理水量超设计规模15.4%，常德市实际处理水量超设计规模14%，郴州市实际处理水量超设计规模0.4%。

1.4.4 排放标准

湖南省13个地级市和吉首市60座污水处理厂中，长沙市洋湖再生水厂一期排放标准为湖南省地标，二期排放标准为一级A标准。有51座污水处理厂出水排放标准为一级A，占比85%，4座污水处理厂出水排放标准为一级B，占比6.7%，5座污水处理厂出水排放标准为湖南省地标，均位于长沙市，占比8.3%。2021年出水排放标准对比如图1.4-4所示。

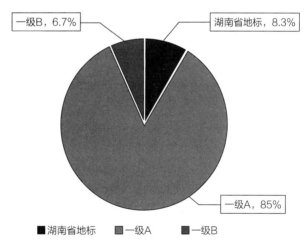

图1.4-4　2021年湖南省13个地级市和吉首市污水处理厂出水排放标准
数据来源：全国城镇污水处理管理信息系统

1.4.5 污泥处理处置情况

2021年湖南省13个地级市和吉首市60座污水处理厂湿污泥产量为146.2万t（以80%含水率计），平均出厂含水率为67.2%，绝干泥量为29.8万t。26座污水处理厂的污泥出厂含水率在60%及以下（含60%），34座污水处理厂的污泥出厂含水率在60%~80%区间（含80%），2021年各城市污水处理厂污泥含水率对比如图1.4-5所示。

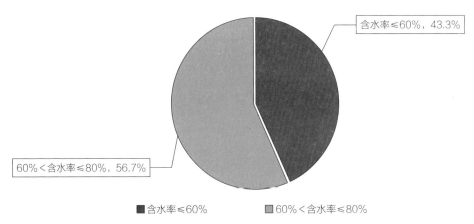

图1.4-5　2021年湖南省13个地级市和吉首市污水处理厂污泥含水率
数据来源：全国城镇污水处理管理信息系统

2021年湖南省13个地级市和吉首市60座污水处理厂污泥处置方式主要包括土地利用、建材利用、焚烧利用、卫生填埋、其他，其中29座污水处理厂71.17万t湿污泥采用2种及以上污泥处置方式。

1.4.6　用电情况

2021年湖南省13个地级市和吉首市60座污水处理厂总用电量为5.76亿kW·h，平均吨水用电量为0.26kW·h/m³，其中岳阳市污水处理厂平均吨水用电量最高，为0.39kW·h/m³，吉首市污水处理厂平均吨水用电量最低，为0.13kW·h/m³。2021年全省13个地级市和吉首市吨水用电情况对比如图1.4-6所示。

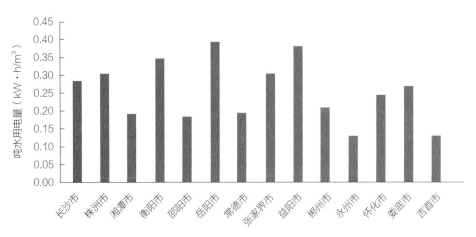

图1.4-6　2021年湖南省13个地级市和吉首市污水处理厂吨水用电情况
数据来源：全国城镇污水处理管理信息系统

1.5 县级城市（含县城）排水和污水处理设施对比分析

1.5.1 设计规模

湖南省有90个县级行政区划（除吉首市）涉及污水和排水处理设施，共计105座污水处理厂，合计设计规模为343万m³/d，各县级行政区划的污水处理厂设计规模对比如图1.5-1所示。

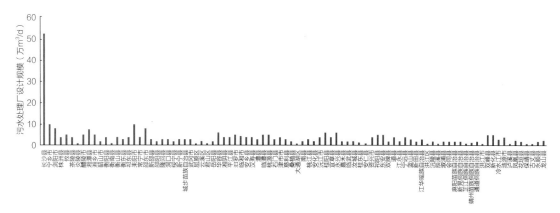

图1.5-1 2021年湖南省县级行政区划污水处理厂设计规模
数据来源：全国城镇污水处理管理信息系统

从处理规模看，长沙县污水处理设计规模最大，设计处理能力为52万t/d，占全省县级区划污水处理厂设计规模总数的15%，县域污水处理能力与县域经济发展、城镇化水平等相关，长沙县在我国2021年百强县市排名第九。

1.5.2 实际处理水量

湖南省90个县级区划共计105座污水处理厂，2021年实际日均处理水量为289.1万m³/d，其中长沙县污水处理厂最多，达42.31万m³/d，其次是宁乡市、耒阳市、浏阳市、湘潭县、桂阳县，其余县级区划实际处理水量差异不明显，湖南省90个县级区划105座污水处理厂2021年污水处理水量对比如图1.5-2所示。

湖南省90个县级区划污水处理厂总水力负荷率为84.3%，全省90个县级区划105座污水处理厂有79座污水处理厂2021年实际处理水量未超设计规模，只有26

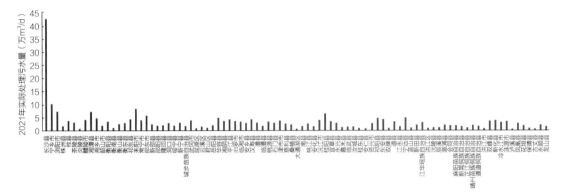

图1.5-2　2021年湖南省县级行政区划污水处理厂实际处理水量
数据来源：全国城镇污水处理管理信息系统

座污水处理厂2021年实际水量已超过设计规模，可能与湖南省各县级经济发展能力不均衡、城镇化进程较慢及部分地区管网建设滞后等有关。

1.5.3　排放标准

湖南省90个县级区划105座污水处理厂有81座污水处理厂出水排放标准为一级A，占比77.1%，22座污水处理厂出水排放标准为一级B，占比21%，2座污水处理厂出水排放标准为湖南省地标，占比1.9%，两座污水处理厂均在长沙县，分别是城南（椰梨）污水处理厂、城西污水处理厂。湖南省90个县级区划105座污水处理厂出水排放标准对比如图1.5-3所示。

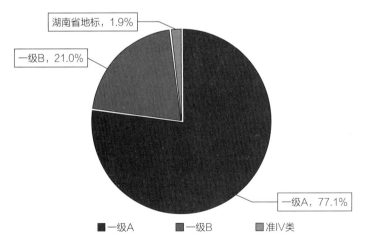

图1.5-3　2021年湖南省县级行政区划污水处理厂出水排放标准
数据来源：全国城镇污水处理管理信息系统

从出水排放标准看，2021年湖南省县级区划污水处理厂出水排放标准主要集中在一级A和一级B，未来随着污水处理厂出水水质要求的提高，一级A和湖南省地标排放标准的项目比例将继续增高，一级B标排放标准的项目比例将减少。

1.5.4　污泥处理处置情况

2021年湖南省90个县级区划105座污水处理厂合计湿污泥产量为57.1万t（以80%含水率计），平均出厂含水率为61.2%，绝干泥量为10.9万t。26座污水处理厂的污泥出厂含水率在50%及以下（含50%），79座污水处理厂的污泥出厂含水率在50%～80%区间（含80%），湖南省90个县级区划105座污水处理厂2021年污泥处理含水率对比如图1.5-4所示。

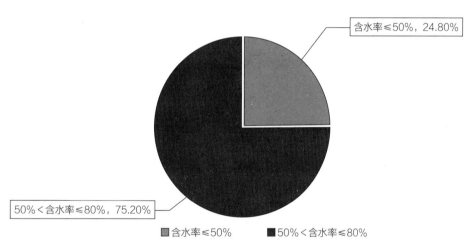

图1.5-4　2021年湖南省县级行政区划污水处理厂污泥含水率
数据来源：全国城镇污水处理管理信息系统

2021年湖南省90个县级区划105座污水处理厂污泥处置方式主要包括土地利用、建材利用、焚烧利用、卫生填埋、其他。其中卫生填埋量占比33.59%，建材利用量占比31.83%，焚烧利用量占比24.46%，土地利用量占比1.13%，其他方式处置量占比9%。湖南省90个县级区划105座污水处理厂2021年污泥处置方式对比如图1.5-5所示。

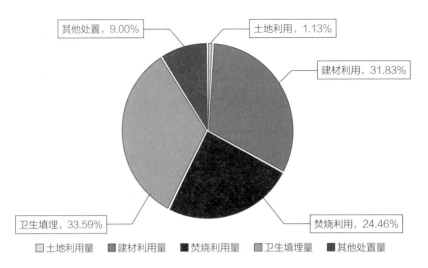

图1.5-5　2021年湖南省县级行政区划污水处理厂污泥处置方式
数据来源：全国城镇污水处理管理信息系统

1.5.5　用电情况

2021年湖南省90个县级区划105座污水处理厂总用电量为2.83亿kW·h，平均吨水用电量为0.20kW·h/m³，其中汉寿县污水处理厂平均吨水用电量最高，为0.56kW·h/m³，双牌县污水处理厂平均吨水用电量最低，为0.08kW·h/m³。湖南省90个县级区划105座污水处理厂2021年吨水用电情况对比如图1.5-6所示。

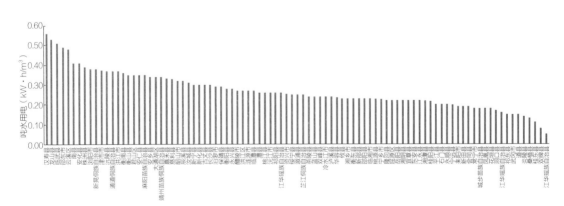

图1.5-6　2021年湖南省县级行政区划污水处理厂吨水用电情况
数据来源：全国城镇污水处理管理信息系统

1.6 洞庭湖区域排水和污水处理设施对比分析

1.6.1 污水处理厂基本情况

洞庭湖区域主要包括长沙望城区、岳阳市、常德市及益阳市区域，截至2021年底，共有污水处理厂38座，主要包括长沙望城区1座、岳阳市17座、常德市12座、益阳市8座，如图1.6-1所示。

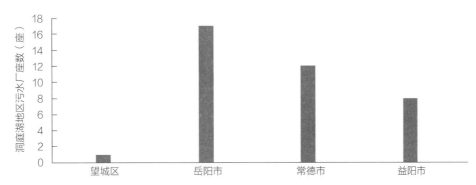

图1.6-1 洞庭湖区域各地区污水处理厂座数
数据来源：全国城镇污水处理管理信息系统

1.6.2 设计规模

截至2021年底，洞庭湖区域污水处理厂总设计规模182万m³/d，其中岳阳市污水处理厂总设计规模最大为75万m³/d，其次是常德市56万m³/d，益阳市39万m³/d，望城区12万m³/d，如图1.6-2所示。

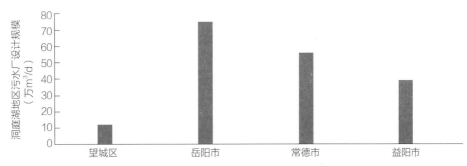

图1.6-2 洞庭湖区域各地区污水处理厂设计规模
数据来源：全国城镇污水处理管理信息系统

1.6.3 实际处理水量

2021年全年，洞庭湖区域实际日均污水处理水量为153.2万m³/d，总体水力负荷率为84.2%，常德市水力负荷率最高，实际日均处理水量53.8万m³/d，水力负荷率达96.1%，其次望城区实际日均处理水量11.2万m³/d，水力负荷率达93.7%；益阳市实际日均处理水量34万m³/d，水力负荷率87.2%，岳阳市水力负荷率最低，实际日均处理水量54.2万m³/d，水力负荷率仅72.3%，如图1.6-3所示。

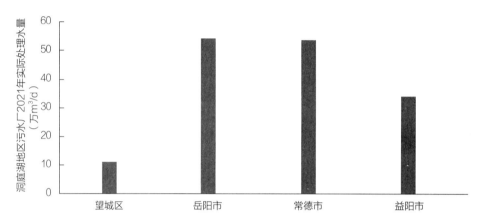

图1.6-3 洞庭湖区域各地区污水处理厂实际污水处理量
数据来源：全国城镇污水处理管理信息系统

1.6.4 排放标准

洞庭湖区域38座污水处理厂中，36座执行一级A排放标准，占比94.7%，只有1座污水处理厂执行一级B标准，即常德临澧县污水处理厂，1座污水处理厂已执行湖南省地标排放标准，即望城污水处理厂，如图1.6-4所示。

1.6.5 污泥处理处置情况

2021年度，洞庭湖区域污水处理厂共产生污泥29.89万t（按80%含水率计），实际处置污泥29.82万t（按80%含

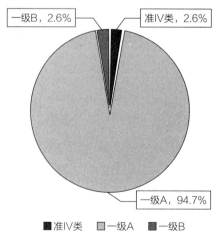

图1.6-4 洞庭湖区域污水处理厂排放标准
数据来源：全国城镇污水处理管理信息系统

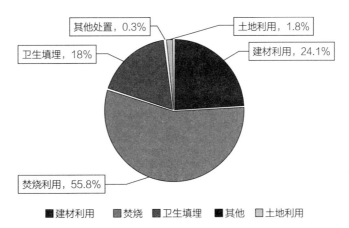

图1.6-5 洞庭湖区域污水处理厂污泥处置方式
数据来源：全国城镇污水处理管理信息系统

水率计），产生绝干泥量为5.98万t，污泥处置方式分别为建材利用占比24.1%，焚烧利用占比55.8%，卫生填埋占比18%，土地利用占比1.8%及其他处置占比0.3%，如图1.6-5所示。

1.6.6 用电情况

2021年度，洞庭湖区域污水处理厂平均吨水电耗为0.3kW·h/m³，望城区、岳阳市、常德市、益阳市各地区平均吨水电耗数值基本平稳一致，无明显差异，如图1.6-6所示。

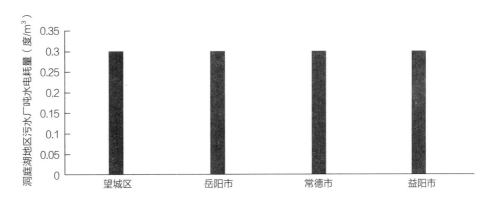

图1.6-6 洞庭湖区域污水处理厂吨水电单耗对比图
数据来源：全国城镇污水处理管理信息系统

第 2 章

湖南省
城镇排水现状分析

2.1　服务区域及人口分析

2.1.1　现状及近五年变化情况分析

截至2021年底，湖南省城市和县城排水与污水处理服务区域总面积（建成区）达到3421.23km²，服务人口达到3066.78万人，较2020年底分别增长2.6%、3.1%。其中服务区域面积人小排名前三的为长沙、衡阳、常德，分别为855.72、309.25、281.67km²，服务人口数量排名前三的为长沙、衡阳、邵阳，分别为728.84、273.32、245.44万人。根据2016年～2021年上述数据变化情况分析，湖南省城市和县城排水与污水处理服务区域面积和服务人口近五年分别增长23.4%、28.1%，在全国排名分别为第九、第七，在中部六省排名分别为第三、第二，如图2.1-1、图2.1-2所示。

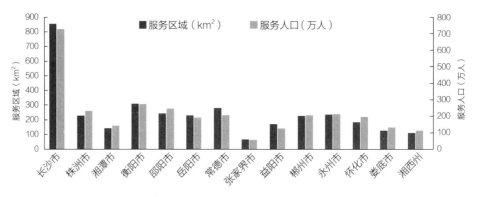

图2.1-1　湖南省各市州城市（县城）排水与污水处理服务区域面积和人口情况
数据来源：《湖南省城市建设统计年鉴》

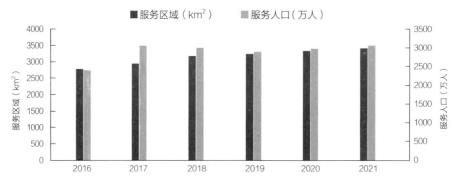

图2.1-2　2016～2021年湖南省城市和县城排水与污水处理服务区域面积和人口变化情况
数据来源：《湖南省城市建设统计年鉴》

2.1.2 与其他省份对比情况分析

根据图2.1-3和图2.1-4关于2021年全国31个省城市和县城排水与污水处理服务区域面积和服务人口情况对比分析可知，湖南省城市和县城排水与污水处理服务区域面积和服务人口在全国排名分别为第九、第七，在中部六省排名分别为第三、第二，在全国及周边省份均中等偏上的水平。

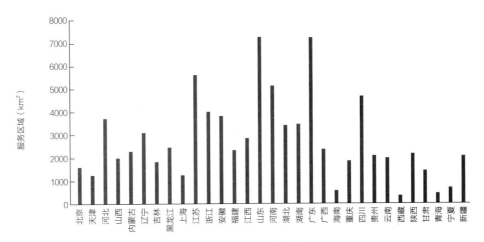

图2.1-3　全国31个省城市和县城排水与污水处理服务区域面积情况
数据来源：《湖南省城市建设统计年鉴》

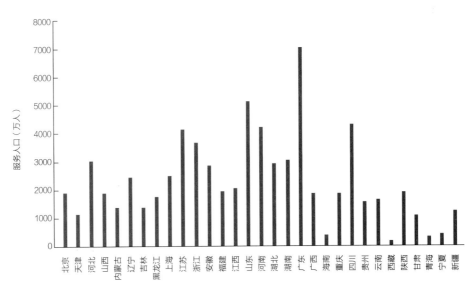

图2.1-4　全国31个省城市和县城排水与污水处理服务人口情况
数据来源：《中国城建统计年鉴》

2.2 排水管网情况分析

2.2.1 现状及近五年变化情况分析

截至2021年底，湖南省城市和县城建成区排水管道长度达到39687.58km，较2020年增长10.31%。根据2016年～2021年上述数据变化情况分析，湖南省城市和县城排水管道长度总体呈逐渐增长的趋势，近五年增长61.66%。

截至2021年底，湖南省城市和县城建成区排水管道密度达到10.86km/km²，较2020年增长13.4%。根据2016年～2021年上述数据变化情况分析，湖南省城市和县城建成区排水管道密度总体呈逐渐增长的趋势，近五年增长22.7%，如图2.2-1、图2.2-2所示。

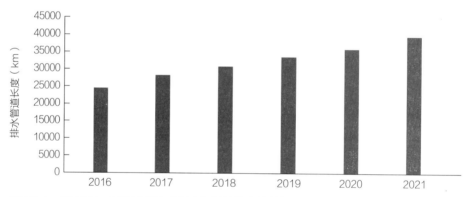

图2.2-1 2016年～2021年湖南省城市和县城排水管道长度变化情况
数据来源：《湖南省城市建设统计年鉴》

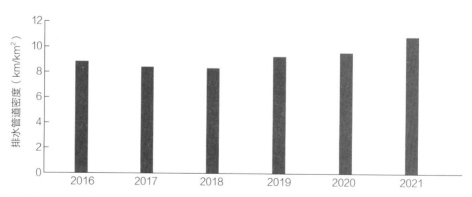

图2.2-2 2016年～2021年湖南省城市和县城建成区排水管道密度变化情况
数据来源：《湖南省城市建设统计年鉴》

2.2.2 与其他省份对比情况分析

根据图2.2-3关于2021年全国31个省城市和县城建成区排水管道长度情况对比分析可知，湖南省2021年城市和县城排水管道长度在全国排名为第九，在中部六省排名为第四，在全国处于中等偏上的水平，在周边省份处于中等水平。

根据图2.2-4和图2.2-5关于2021年全国各省城市和县城建成区排水管道密度情况对比分析可知，湖南省2021年城市、县城建成区排水管道密度在全国排名分别为第十五、第二十，在中部六省排名分别为第四、第六，其中城市建成区排水管道密度低于全国平均水平的12km/km²，有进一步提升的空间。

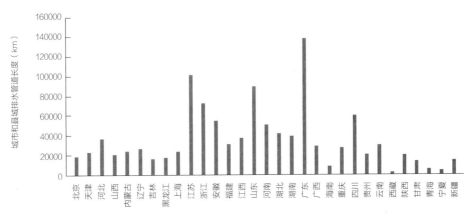

图2.2-3　全国31个省城市和县城排水管道长度
数据来源：《中国城建统计年鉴》

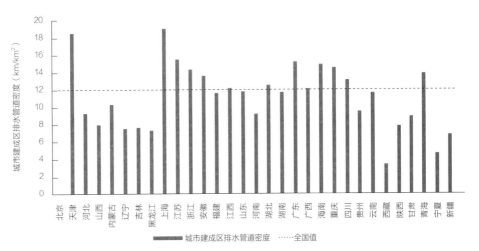

图2.2-4　全国31个省城市建成区排水管道密度
数据来源：《中国城建统计年鉴》

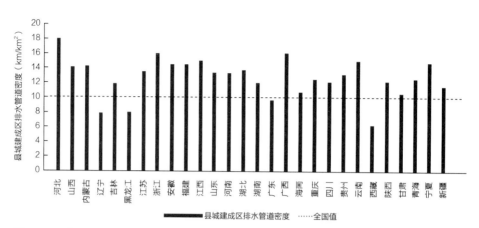

图2.2-5　全国28个省县城建成区排水管道密度
数据来源：《中国城建统计年鉴》

2.3 污水处理规模情况分析

2.3.1 现状及近五年变化情况分析

截至2021年，湖南省县以上生活污水处理厂数量为165座，总的处理能力达到991.9万m³/日，较2020年，污水处理厂数量增加2座。根据2016年～2021年上述数据变化情况分析，近五年污水处理厂数量和污水处理能力均呈逐渐增加的趋势，其中污水处理厂数量增加23座，处理能力提升131万m³/d，如图2.3-1所示。

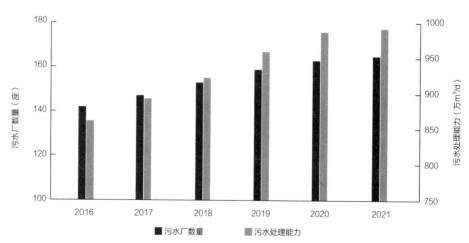

图2.3-1　2016年～2021年湖南省县以上生活污水处理厂及处理能力变化情况
数据来源：《湖南省城市建设统计年鉴》

2.3.2　与其他省份对比情况分析

根据图2.3-2关于2021年全国31个省县以上生活污水处理厂数量及处理能力情况对比分析可知，2021年湖南省县以上生活污水处理厂数量及处理能力在全国31个省排名分别为第十、第十一，在中部六省排名分别为第二、第四，在全国及周边省份均处于中等偏上的水平。

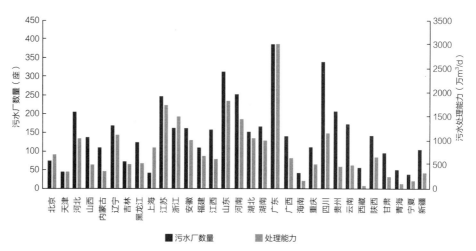

图2.3-2　全国31个省县以上生活污水处理厂数量及处理能力情况
数据来源：《中国城建统计年鉴》

2.4　排水设施建设固定资产投资情况分析

2.4.1　现状及近五年变化情况分析

2021年，湖南省城市和县城排水设施建设固定资产投资达到151.78亿元，较2020年增长67.1%。根据2016年～2021年上述数据变化情况分析，湖南省城市和县城排水设施建设固定资产投资总体呈逐渐增长的趋势，近五年增长153.7%，如图2.4-1所示。

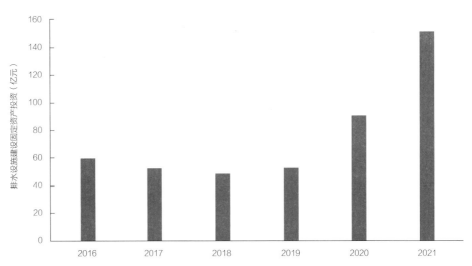

图2.4-1 2016年~2021年湖南省城市和县城排水设施建设固定资产投资变化情况
数据来源:《湖南省城市建设统计年鉴》

2.4.2 与其他省份对比情况分析

根据图2.4-2关于2021年全国31个省城市和县城排水设施建设固定资产投资情况对比分析可知,湖南省2021年城市和县城排水设施建设固定资产投资额在全国排名为第六,在中部六省排名为第二,可知湖南省排水设施建设固定资产投资额在全国及周边省份均处于一个相对较高的水平。

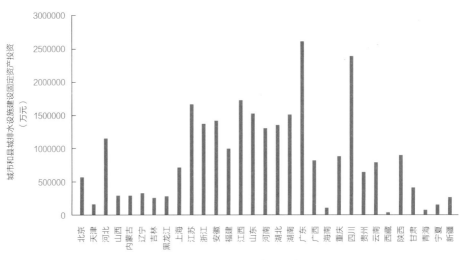

图2.4-2 全国31个省城市和县城排水设施建设固定资产投资
数据来源:《中国城建统计年鉴》

2.5 污水处理服务费情况分析

2021年，湖南省城市和县城污水处理费达到40.42亿元，全省14个市州中2021年城市和县城污水处理费排前三的是长沙、株洲、常德，分别为18.85亿元、3.48亿元、2.37亿元；污水处理费占财政收入的比例排前三的是株洲、湘潭、长沙，分别为1.93%、1.61%、1.59%。根据2016年～2021年上述数据变化情况分析，湖南省城市和县城污水处理费总体呈逐渐增长的趋势，近五年增长98.14%，如图2.5-1、图2.5-2所示。

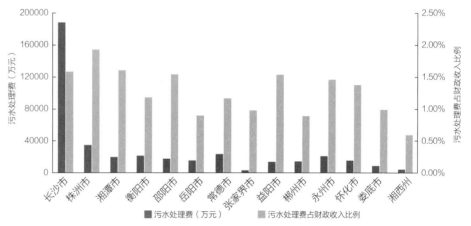

图2.5-1 2021年全省各市州污水处理费征收情况
数据来源：《湖南省城市建设统计年鉴》

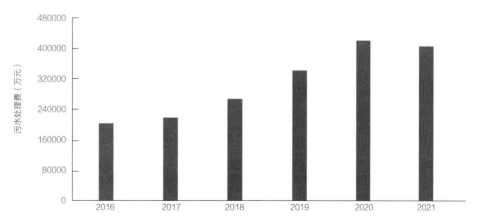

图2.5-2 2016年～2021年湖南省污水处理费征收变化情况
数据来源：《湖南省城市建设统计年鉴》

2.6 进水浓度及污染物削减情况分析

2021年，湖南省县以上生活污水处理厂平均进水COD、BOD$_5$浓度分别为176.39mg/L、74.47mg/L，较2020年分别提升11.5%、15.7%。全省14个市州中2021年平均进水COD、BOD$_5$浓度排前三的是衡阳、长沙、岳阳，分别为266.31mg/L、197.81mg/L、196.35mg/L和91.74mg/L、85.71mg/L、80.92mg/L，14个市州污水处理厂平均进水BOD$_5$浓度均未达到100mg/L。根据2011年~2021年湖南省县以上生活污水处理厂平均进水浓度变化情况分析，湖南省县以上生活污水处理厂平均进水COD、BOD$_5$浓度总体呈现先下降后上升的趋势。

2011年~2017年污水处理厂进水COD、BOD$_5$浓度呈现下降的趋势可能与合流制管网占比情况、污水收集管网出现病害问题导致外水入渗，以及黑臭水体整治过程中采用末端截污的方式等方面的原因有关，2021年污水处理厂进水COD、BOD$_5$浓度比2020年有明显上升，可能与各地开展雨污分流、管网病害修复等污水处理提质增效相关工程有关，如图2.6-1、图2.6-2所示。

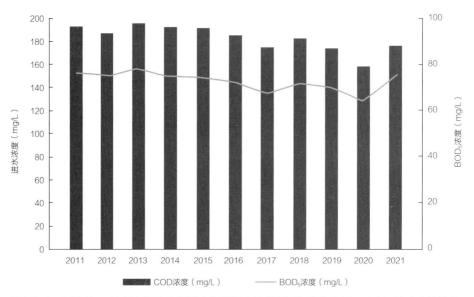

图2.6-1 2011年~2022年湖南省县以上生活污水处理厂平均进水COD、BOD$_5$浓度变化情况
数据来源：全国城镇污水处理管理信息系统

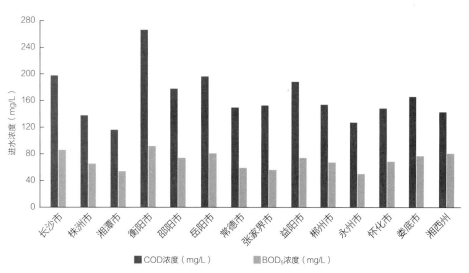

图2.6-2 2021年湖南省各市州县以上生活污水处理厂平均进水浓度情况
数据来源：全国城镇污水处理管理信息系统

2016年~2021年湖南省县以上生活污水处理厂污染物削减量变化情况如图2.6-3所示。据图可知，近五年湖南省县以上生活污水处理厂各污染物削减量均呈逐渐上升的趋势。2021年COD、BOD_5、SS、NH_3-N、TN、TP削减总量分别达到52.78万t、23.02万t、47.93万t、4.51万t、4.73万t、0.82万t；较2016年分别提升51.2%、65.9%、70.3%、59.4%、57.5%、123.6%。

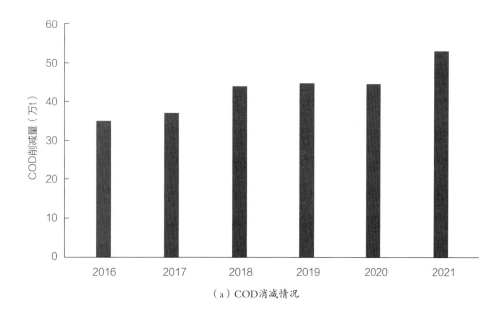

（a）COD消减情况

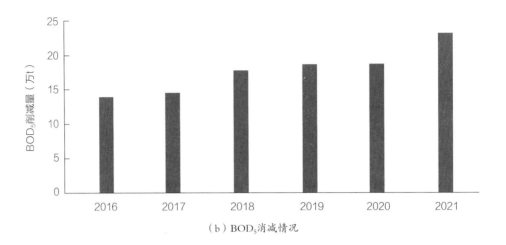

（b）BOD₅消减情况

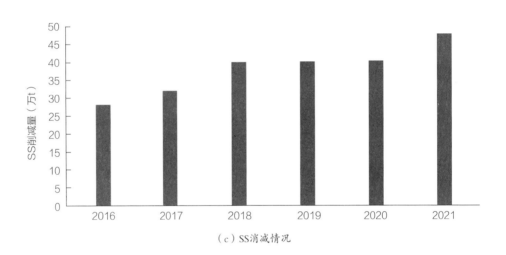

（c）SS消减情况

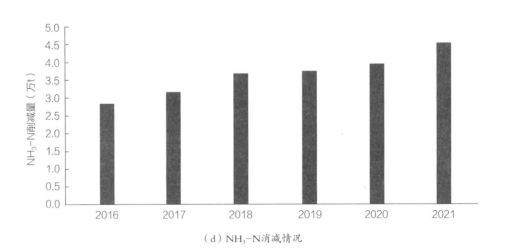

（d）NH₃-N消减情况

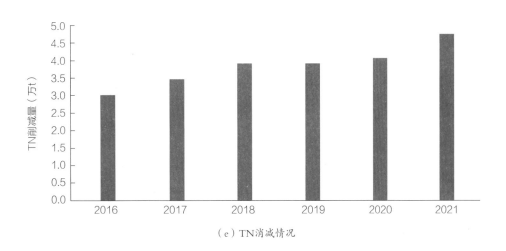

（e）TN消减情况

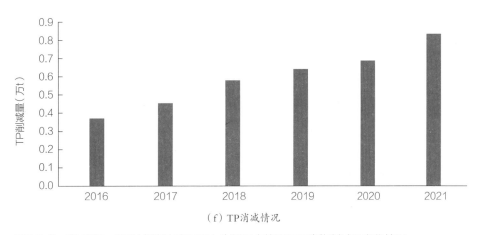

（f）TP消减情况

图2.6-3　2016年～2021年湖南省县以上生活污水处理厂污染物削减量变化情况
数据来源：全国城镇污水处理管理信息系统

2.7　污泥处置情况分析

2.7.1　现状及近五年变化情况分析

2021年，湖南省县以上生活污水处理厂共产生干污泥92.41万t，折合绝干污泥为40.66万t，较2020年增长24.22%。2016年～2021年湖南省县以上生活污水处理厂干污泥产生量变化情况如图2.7-1所示，据图可知，干污泥产生量近五年总体呈逐渐上升的趋势，2021年干污泥产生量较2016年增加205.2%，共62.14万t。

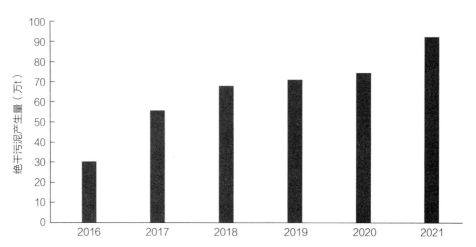

图2.7-1　湖南省县以上生活污水处理厂干污泥产生量变化情况
数据来源：《湖南省城市建设统计年鉴》

2.7.2　与其他省份对比情况分析

根据图2.7-2关于2021年全国31个省县以上生活污水处理厂干污泥产生量情况对比分析可知，湖南省2021年县以上生活污水处理厂干污泥产生量在全国31个省份中排第八，在中部六省中排第二，在全国及周边省份均处于中等偏上的水平。

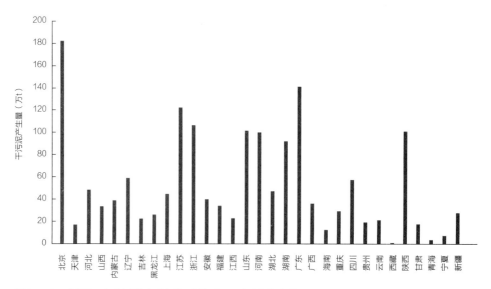

图2.7-2　全国31个省县以上生活污水处理厂干污泥产生量
数据来源：《中国城建统计年鉴》

2.8 再生水利用情况分析

2.8.1 现状及近五年变化情况分析

截至2021年湖南省城市和县城再生水生产能力达到112.44万m³/d，较2020年提升17.4%，再生水利用量为31671万m³，较2020年提升52.5%，主要包括城市杂用330万m³、工业527万m³、景观环境27881万m³、绿地灌溉413万m³、农业灌溉2390万m³、其他130万m³，其中景观环境占比最大达到88.03%，主要用途占比情况如图2.8-2所示。2016年~2021年湖南省城市和县城再生水生产能力及利用量变化情况如图2.8-1所示，再生水生产能力和再生水利用量均呈现逐渐上升的趋势。

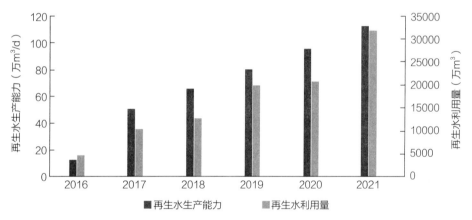

图2.8-1 湖南省城市和县城再生水生产能力及利用量变化情况
数据来源：《湖南省城市建设统计年鉴》

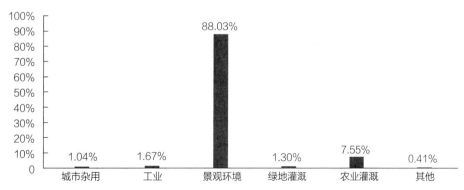

图2.8-2 2021年湖南省城市和县城再生水利用主要用途占比情况
数据来源：《湖南省城市建设统计年鉴》

2.8.2　与其他省份对比情况分析

根据图2.8-3，2021年全国31个省城市和县城再生水生产能力及利用情况对比分析可知，湖南省城市和县城2021年再生水生产能力及利用量在全国31个省份中分别排第十八、第十九，在中部六省中均排第五，在全国及周边省份相对处于中等偏后水平。

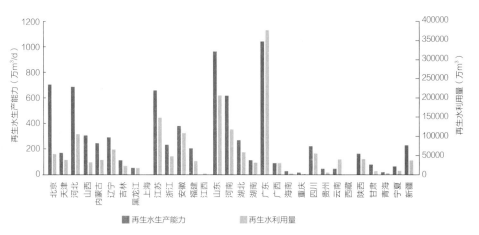

图2.8-3　31个省城市和县城再生水生产能力及利用量情况
数据来源：《中国城建统计年鉴》

第 3 章

创新发展与
实践

3.1 全省住房城乡建设行业供排水行业职工技能大赛

为推动全省排水行业建设知识型、技能型、创新型劳动者大军，弘扬劳模精神和工匠精神，营造劳动光荣的社会风尚和精益求精的敬业风气，加快培养和选拔高技能人才，推动湖南省住房城乡建设行业高技能人才队伍建设和创新创业深入发展。2021年1月8日~10日，由湖南省住房和城乡建设厅、湖南省人力资源和社会保障厅、湖南省总工会主办，湖南省城乡建设行业协会承办的2020年湖南技能大赛·住房城乡建设行业（自来水生产工、水环境检测员、城镇污水处理工）职业技能大赛决赛在株洲市湖南化工职业技术学院顺利举行。经过市州初赛选拔，全省11个市州按专业组分别组成10、12、12个代表队共104名选手参赛。经过3天激烈的角逐落下帷幕，大赛各项赛事取得圆满成果，如图3.1-1、图3.1-2所示。

该次大赛自来水生产工、水环境检测员、城镇污水处理工3个赛项第一次设置为省级二类赛事，在赛事等级上第一次实现突破。

图3.1-1　2020年全省住房城乡建设供排水行业职工技能大赛

图3.1-2　2020年全省住房城乡建设行业供排水行业职工技能大赛

3.2 全省生活污水处理一体化设备测试活动

为提高湖南省生活污水一体化设备建设和运行质量，强化行业自律，由多方单位发起，湖南省城乡建设行业协会具体组织，对污水处理一体化设备开展集中测试活动，测试结果对外公开发布。

3.2.1　活动流程

编制方案→方案论证→厂家报名→专家审查→设备安装调试→设备测试→编制测试报告→专家审查测试报告→测试报告发布

3.2.2　编制方案

湖南省城乡建设行业协会前期经过广泛交流，反复修改完善，编制了《湖南省生活污水处理一体化设备测试活动方案》（以下简称《方案》）。《方案》从组织策划、测试流程、权利义务、责任落实、公平公正、宣传推广、社会监督、廉政建设等方面，全方位的进行了详细说明。《方案》中心凸现在：自主发起，自愿参与；自觉履责，自担责任；公平公正，公开透明；行业自律，共同发展。《方案》经过一体化设备制造厂商、设计单位、污水运营单位、行业管理部门、行业专家集体论证并一致通过。通过会议，确定了测试现场服务单位——长沙联泰水质净

图3.2-1　湖南省生活污水处理一体化设备测试活动启动会

化有限公司；测试评估报告服务单位——湖南省建筑设计院集团股份有限公司，并成立组委会。《方案》为测试活动奠定了扎实的基础，如图3.2-1所示。

3.2.3　专家论证

为保证参加测试设备技术成熟可靠，湖南省城乡建设行业协会组织专家对提交测试申请厂商的设备，从工艺原理、技术参数、材质情况、配套设备、工程案例等方面进行论证。通过论证的方可参加测试，如图3.2-2所示。

图3.2-2　全省生活污水处理一体化设备测试活动专家论证会

3.2.4 现场测试

从2020年8月～2021年8月，共完成三批26家厂商设备测试。测试期间，每批厂商2天安装时间，18天调试时间，在调试末期湖南省建筑设计院集团有限公司对每个厂商设备进行复核，并对出水流量计进行第三方校核；正式运行35天期间，长沙联泰每天安排专人24小时巡视，24小时采样，进行日常分析，每日发布水质、水量、设备维护情况，供测试厂家工艺调整参考；每周安排专业第三方机构采样分析，出具权威报告，参照武汉"雷神山""火神山"建设，搭建网上监控平台，实时传输现场画面，接受大众监督，如图3.2-3所示。

图3.2-3 湖南省生活污水处理一体化设备测试活动测试现场

3.2.5 结果发布

湖南省建筑设计院集团有限公司组织工艺、电气、结构、设备等专业人员，全面评估厂商测试设备出水情况、电耗、药耗、关键参数、核心设备等情况，出具评估报告。评估报告（简版）在湖南省城乡建设行业协会网站公开发布，接受各方下载研究，如图3.2-4所示。

图3.2-4 湖南省生活污水处理一体化设备测试活动结果发布会

3.2.6 活动结果

测试活动得到湖南省住房和城乡建设厅、湖南省财政厅、湖南省发改委、湖南省生态环境厅等省直部门支持，并得到省内各市州排水主管部门、设备用户、设备制造厂商一致肯定。全省排水行业各界同仁现场参观人数达300多人，大家一致认为本次活动很有必要，非常及时，有利于加强污水处理一体化设备的行业自律和健康发展，有利于一体化设备企业提升技术水平和产品质量，有利于湖南省用户合理选用技术先进、制作精良、成本节约、维护方便的产品。活动对全省城乡水环境治理带来积极影响和重要的推动作用。通过测试活动，做到了厂商宣传推广、用户选择优质产品、协会提高声誉多赢的结果，为今后行业规范发展打下牢固基础，如图3.2-5所示。

图3.2-5　湖南省生活污水处理一体化设备测试活动结果发布会

3.3 编制标准与规范

　　为进一步规范、指导城镇污水处理厂特许经营中期评估报告的编制，全面提升污水处理行业运营管理水平，湖南省城乡建设行业协会组织行业专家研究编制了《湖南省城镇污水处理厂特许经营中期评估报告编制指南》。该标准于2021年5月开始启动编制，2021年9月22日正式对外发布，并于2021年10月1日正式实施，如图3.3-1所示。

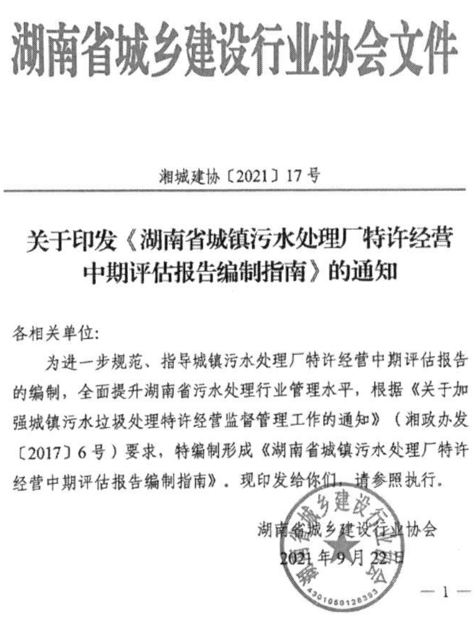

湖南省城乡建设行业协会文件

湘城建协〔2021〕17 号

关于印发《湖南省城镇污水处理厂特许经营
中期评估报告编制指南》的通知

各相关单位：

为进一步规范、指导城镇污水处理厂特许经营中期评估报告
的编制，全面提升湖南省污水处理行业管理水平，根据《关于加
强城镇污水垃圾处理特许经营监督管理工作的通知》（湘政办发
〔2017〕6 号）要求，特编制形成《湖南省城镇污水处理厂特许
经营中期评估报告编制指南》。现印发给你们，请参照执行.

湖南省城乡建设行业协会
2021 年 9 月 22日

— 1 —

ICS 13.060
P

团 体 标 准

T/HNCJ PSG 0001-2021

湖南省城镇污水处理厂特许经营中期评估报告
编制指南

The composition guidelines of the Mid-term evaluation report
for municipal wastewater plants Franchise in Hunan Province

2021-09-22 发布   2021-10-01 实施

湖南省城乡建设行业协会 发布

图3.3-1 标准与规范的编制

该标准的发布为湖南省城镇污水处理厂特许经营中期评估制定了统一标准。通过强化中期评估，有助于污水处理企业了解自身不足，通过评估企业运营状况、财务状况、安全事故的应急机制和措施从而发现管理上的问题并加以改善，保障了社会权益和公共安全有效规范湖南省城镇污水处理厂运行管理；有助于提高公众参与度，让社会公众了解企业产品与服务质量、定价以及企业是否存在违规经营的情况，保障了公众的知情权；有助于政府强化监管职能，政府由运营管理者变为监管者，全面了解企业对于城市公用事业及特许经营协议的执行情况，保障后续健康发展。

3.4 协会重要交流

3.4.1 溢流污染专题论坛

城市溢流污染成因复杂，包括初期雨水污染问题、污水截流问题、管网破损问题等多种问题，是引起水体黑臭重要来源之一，直接影响城市居民生活质量。城市溢流污染控制已经成为排水行业热点、难点问题。为推进湖南省城市溢流污染治理，给行业主管部门当好参谋。2021年6月24日，湖南省城乡建设行业协会组织行业专家和部分市州行业主管部门人员50余人召开了"城市溢流污染控制技术专家研讨会"。

主编单位湖南省建筑科学研究院介绍了《湖南省排水系统溢流溢流污染控制技术导则》编制思路和关键内容，与会专家针对导则编制进行了认真研讨，提了很多有益的意见。德国汉诺威水协伍凯专家介绍德国在溢流污染控制的经验、技术及国内案例分析。武汉圣禹的刘政专家介绍了其公司的"第四代排水系统-清污分流"技术与应用案例，清源华建的陈亮专家介绍了智能截流调蓄技术在溢流污染控制中的应用及典型案例，如图3.4-1所示。

图3.4-1　溢流污染专题论坛会

3.4.2　协会年会论坛

2021年12月11日，在长沙召开了2021年湖南省城乡建设行业协会排水分会年会。来自全省各市州、县行业主管部门，排水分会会员单位，排水分会专家库专家，污水处理厂，相关科研、设备制造单位200余名人员参加本次会议。湖南省省直行业领导出席并讲话，排水分会会长单位首创环保集团中南大区副总经理张哲麟、湖南省城市排水系统数字模型专业委员会主任单位中机国际工程设计研究院有限公司总工程师贺卫宁，江苏省常州市排水管理处副处长张泽新、管网所所长陆文涛等领导专家受邀参加了本次会议，如图3.4-2所示。

排水分会会长单位，首创环保集团中南大区副总经理张哲麟提出，协会将继续在行业自律、行业规范、会员服务和行业交流四个方面积极发挥作用。以排水行业存在问题、难题为工作导向，为政府提供推动湖南省排水行业发展的可行性意见和建议。

省住房和城乡建设厅城建处处长田明革为大会致辞。他总结了近年来城镇排水与污水处理行业取得的工作成效，分析了行业发展中问题。他强调排水行业发展关乎民生，希望行业协会发挥桥梁和行业自律作用，推动行业发展。省住建厅城建处副处长蒋琳处长对《全省城市污水处理厂建设运营效等级评价细则》编制说明进行了详细讲解。

长沙市城区排水事务中心主任程继学分享长沙市援助郑州应对7.29内涝心得，如图3.4-3所示。

图3.4-2　排水分会年会现场

图3.4-3　程继学分享心得

常州市排水管理处副处长张泽新讲解了常州市排水管道建设、运维和管理经验做法。广东省市政行业协会智慧水务专委会秘书长李天兵介绍了广州市智慧排水支撑粤港澳大湾区排水与污水处理提质增效的做法，如图3.4-4所示。

2021年湖南省排水信息化应用典型案例的四家科研设计单位，分别对水环境数值模型在龙王港流域治理中的应用、官渡区宝丰半岛湿地建设项目（生态修复

图3.4-4　张泽新和李天兵介绍经验

一期）排水系统模型应用案例、长沙市新开铺污水处理厂二期改扩建工程BIM咨
询项目、常德市"智慧排水"信息系统（一期）建设服务项目进行了讲解，如图
3.4-5所示。

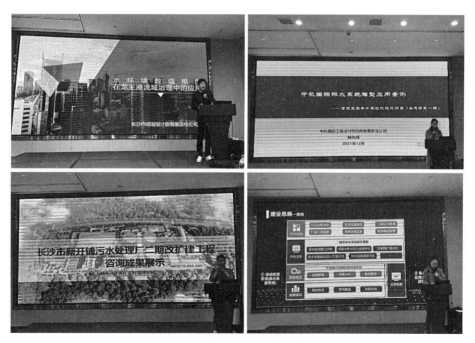

图3.4-5　四家科研设计单位讲解排水信息化应用典型案例

第 4 章

排水工程
典型案例

2021年，湖南省城乡建设行业协会排水分会遴选出8个典型工程项目，见表4-1。

2021年湖南省排水行业典型工程项目案例名单 　　　　表4-1

序号	项目名称	建设运营单位/设计单位
1	新开铺污水处理厂二期改扩建工程"BIM+"咨询项目	湖南省建筑设计院集团股份有限公司
2	长沙市洋湖再生水厂（二期）	湖南先导洋湖再生水有限公司/ 湖南省建筑设计院集团股份有限公司
3	常德市海绵城市水量水质监测平台运维管理应用	湖南省建筑设计院集团股份有限公司
4	长沙市开福污水处理厂提标改造及扩建工程	湖南鑫远环境科技有限公司
5	长沙市湘湖污水处理厂提质改造暨中水回用示范工程项目概况	湖南国祯环保科技有限公司
6	长沙市长善垸污水处理厂改扩建工程	湖南省建筑设计院集团股份有限公司
7	湘阴县排水管网智慧运维介绍	湖南奇思环保有限公司

4.1 新开铺污水处理厂二期改扩建工程"BIM+"咨询项目

4.1.1 项目概况

新开铺污水处理厂位于天心区新开铺街道，规划服务面积22.95km²，远期规划总污水处理量28万m³/d，如图4.1-1所示。一期建设规模10万m³/d，二期改扩建工程在现有厂区内进行，建成后规模扩大至19万m³/d。项目采用HPB（高浓度复合粉末载体生物流化床）+加砂沉淀处理工艺，出水标准提高至《湖南省城镇污水处理厂主要水污染物排放标准》DB 43/T 1546—2018一级标准。

该次改扩建项目建设难度较大，BIM团队在开展技术应用前，针对项目特点及重难点进行了全面分析：

（1）建设用地紧张，厂区地下管线种类多且空间关系复杂，迁改工程量大。

（2）厂区地质条件差，新建二沉池、深床滤池等单体基坑支护工程量大。

（3）改造及新建单体数量多，新建二沉池、加砂沉淀池等单体结构复杂。

（4）采用全新HPB工艺在现状生化池完成处理能力提升，成熟设计经验少。

（5）施工期间需确保现有污水处理厂生产运行安全，实现零生产事故。

（6）工期紧张需合理安排建设时序，紧密衔接各项工作，减少停产次数。

图4.1-1 BIM模型展示厂区建成效果

4.1.2 项目特色与创新

项目以"BIM+"技术应用作为突破点和创新点，针对性解决项目重难点问题。实施过程中，BIM服务团队与业主共同制定了BIM数据创建、应用与管理方案。设计阶段通过BIM数据的创建与优化提高设计质量，施工阶段通过多样化BIM数据集成应用辅助现场施工管理。

1）系统梳理厂区现状数据。

利用无人机倾斜摄影技术创建厂区现状实景模型，准确表达一期平面布置，作为总平面分析和工艺流程展示的三维底图。根据厂区物探数据创建工艺、污泥、空气、排水、雨水、加药等多系统现状管线模型，复核一期竣工图纸中管线不明问题、指导管线迁改方案设计，并在施工阶段辅助管线开挖定位，如图4.1-2所示。

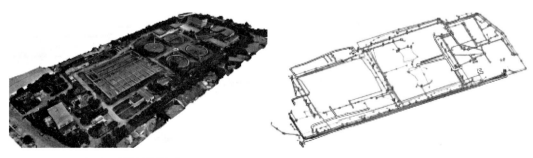

图4.1-2 厂区实景及现状管线模型

2）地质及基坑模型创建与应用。

通过地勘数据参数化创建厂区地质模型，准确描述开挖区域不良地质分布情况。创建新建二沉池等区域深基坑支护模型并与地质模型整合，校核支护形式是否满足基坑开挖高度及阻隔地下水要求，分析验证支护结构与现状围墙距离及迁改管线空间关系。通过自主开发的土方开挖工具实现分土层计算土方开挖量。

3）单体全专业精细化 BIM 模型创建，校核优化设计方案。

创建脱水机房、配电间、生化池等现状单体改造前、后BIM模型并进行对比分析，直观展示改造过程、校核单体内部空间。针对新建二沉池、滤池等复杂叠合单体进行多专业协同校核，复核构筑物间共壁、复杂区域预留预埋情况；通过二次开发的自动化配桩工具，根据桩基平面布置和持力层进行精细化桩长计算与统计，如图4.1-3所示。

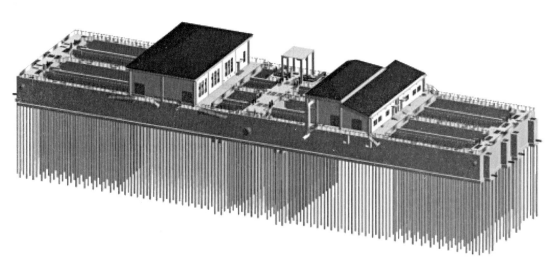

图4.1-3　二沉池、鼓风机房、变配电间及加药间全专业精细化BIM模型

4）计算机流体力学（CFD）模拟分析。

该工程生化池土建不扩容，通过HPB工艺将处理能力由10万m³/d扩至19万m³/d。针对新工艺，通过 CFD 技术对二沉池沉淀区域生物载体粉末的分配和沉淀去除过程进行模拟分析，验证沉淀池断面、配水渠设计方案合理性，优化水力设计条件。

5）模型辅助施工安全管理。

施工进场前整合厂区实景、现状管线、地质、基坑支护、新建及改造单体、

图4.1-4 模型辅助管线迁改模拟

总图等多源模型数据，为现场实施提供三维场景。基于BIM模型进行施工场地布置，合理分隔生产与施工区域，降低施工影响。结合管线迁改方案，针对新建二沉池与现状围墙间等风险区域，模拟管道施工时序，避免施工期间出现问题影响生产或拖累进度。

6）模型辅助施工进度管理。

根据施工进度计划，梳理各关键时间节点单体进度以及单体间建设时序制约情况，三维演示建设过程及临时加药、鼓风设备应用方案，结合AR（增强现实）技术，实现BIM模型与施工现场实时比对与信息查看，辅助进度管控和管井定位及验收，如图4.1-4所示。

7）模型辅助施工质量管理。

根据参建方需求组织多次 BIM三维交底，针对各单体分工艺段进行预留预埋和管道设备安装交底。在配水井、排泥渠等重点部位创建钢筋节点模型为施工提供参考。安装阶段基于模型演示厂区工艺切换过程，指导设备安装调试。

4.1.3 项目成效与思考

项目通过设计、施工阶段BIM技术应用，在集约、智能、绿色低碳等方面取得了明显成效。

1）集约用地。

通过精细化BIM模型辅助设计及施工，验证在现状厂区完成工程建设的可实施性，有效地解决了场地受限、用地紧张等污水处理厂改扩建工程痛点，对推动实施同类项目具有较强的参考价值和现实指导意义。

2）二次开发。

紧密结合污水处理厂改扩建项目建设需求，二次开发管线参数化建模工具、地质模型创建及土方计算工具、自动化配桩工具，实现BIM模型参数化、智能化创建，有效提升模型创建效率，辅助设计方案优化。

3）低碳施工。

通过全专业BIM模型校核优化设计方案，减少图纸错漏碰缺问题；进一步开展单体施工预演、总图管线迁改模拟等应用，验证设计方案可实施性。有效减少设计变更，避免人力、物力浪费，缩短建设周期，践行绿色、低碳施工理念。设计、施工阶段所有的数据、信息均高度标准化和集成化，也为后期的智能化运行、智慧化管理打下了坚实基础。

4.2 长沙市洋湖再生水厂（二期）

4.2.1 项目概况

洋湖再生水厂位于湖南省长沙市岳麓区洋湖大道以南，靳江河以东，规划总规模为30万m^3/d，其中一期工程设计规模为4万m^3/d，2012年投入试运行，设计出水水质达到《城镇污水处理厂污染物排放标准》GB 18918—2002一级A标。随着纳污区内的快速开发，大量楼盘建成后居民成批入住，以及纳污区域内污水收集管网的不断完善，一期已接近满负荷运行，为满足城市规划发展的需要，必须增加城市污水处理能力，洋湖再生水厂（二期）工程的建设十分迫切。

2016年5月，受湖南先导洋湖再生水有限公司委托，湖南省建筑设计院集团有限公司集团股份有限公司开始进行洋湖再生水厂（二期）工程设计。经过现场踏勘、调研基础资料、听取各方面意见和认真分析各类数据，并进行多方案比较之后，于2016年10月完成洋湖再生水厂（二期）设计工作，采用"MSBR+微絮凝过滤+消毒"工艺，设计规模8万m^3/d，出水执行《地表水环境质量标准》GB 3838—2002准IV类水质标准（TN≤10mg/L），概算金额22996.61万元。2017年二期项目启动施工开始建设；2019年6月，二期项目顺利通过竣工验收，如图4.2-1所示。截至2022年11月，洋湖再生水厂（二期）已经稳定运行3年以上，各项出水水质稳定达标。

图4.2-1 洋湖再生水厂（二期）实景图

4.2.2 项目特色及创新

1）项目特色。

"全生命周期成本"理念：洋湖再生水厂二期不但考虑初期建设投入，还要考虑后期运营和维护；不但考虑项目本身的投资成本，还要考虑项目附带的社会成本和环境成本，确保建成后长时期都能产生良好的社会经济效益。

"绿色市政"理念：洋湖再生水厂二期建筑风格上保持与一期建筑相一致，其风格生态环保。建筑设计充分考虑到了建筑群体与周围环境及洋湖湿地公园的协调统一，主体建筑采用"地景式"处理方式，建筑形体模拟自然丘陵形态，模糊了墙体、屋面等建筑构件与基地的界限，同时采用种植屋面，屋面绿化与场地内部绿化融为一体，弱化厂区建筑体量，最大限度地减少厂区建筑对湿地公园景观的影响，实现了建筑与环境的和谐共生，如图4.2-2所示。

图4.2-2 厂区综合楼实景

"海绵城市"理念：整个厂区LID设施紧密结合，统一考虑绿化，整个厂区道路及雨水排放系统按照低影响开发的海绵城市标准设计，打造园林式再生水厂，二期绿地率达48.36%，其乡土植物占全部植物种类的比例≥70%。厂区办公楼前、南面绿地等厂区绿化均设计为下沉式绿地，采用模拟自然的方式来增加径流时间、年径流总量控制率和径流污染负荷控制率，以此削减径流峰值，起到对雨水的调蓄作用。

"中水回用"理念：将二期部分出水送入洋湖中水厂（土建规模3万m^3/d，目前设备安装规模1万m^3/d）进行加氯消毒处理，再由中水加压泵经中水市政管网送达末端中水用户，供洋湖生态新城内城市绿化、道路清扫、洗车、居民冲厕等城市杂用水，是湖南首个面向末端用户的大型中水回用示范项目。

2）创新性。

坚持全生命周期成本理念，融入绿色市政、海绵城市、中水回用等低碳、绿色、循环理念，以及智慧水务理念，进行高标准设计，实现了项目与周边环境的和谐共生。

处理工艺创新，采用集生化反应与泥水分离于一体、强化脱氮效果的10单元MSBR工艺作为二级生化工艺，采用微絮凝过滤代替传统的高效沉淀+过滤，并同时具有反硝化功能，处理工艺先进高效。出水可以稳定达到《地表水环境质量标准》GB 3838—2002准IV类水质标准（其中TN≤10mg/L、TP≤0.3mg/L）。在提高出水水质的同时做到投资省运行成本低，实现了污水处理与再生利用的结合与统一。

建筑设计充分考虑到了建筑群体与周围环境及洋湖湿地公园的协调统一，采用"地景式"处理方式，按照一星绿建标准设计，采用种植屋面，建筑绿化与场地内部绿化融为一体，实现建筑与环境的和谐共生。该污水处理厂实现了一星建筑设计。

景观设计贯彻低影响开发的海绵城市理念，采用了绿化屋面、下沉绿地、垂直绿化、生态停车场等一系列设计，将厂区打造为美观、生态、人与自然充分融合的场所。

3）先进性。

洋湖再生水厂（二期）紧邻洋湖湿地公园，位于洋湖大道以南，靳江河以东，二期8.0万m^3/d，通过国际先进水平的十池型MSBR和微絮凝过滤单元的优化组合，实现了出水水质更大幅度的提升，达到了地表IV类水质标准（TN≤10mg/L）；通过一运营管理平台+自控、运营、监控"三系统"组合的智慧水务的实践基本实现全厂设备远程监控和启停，做到少人值守，如图4.2-3所示。

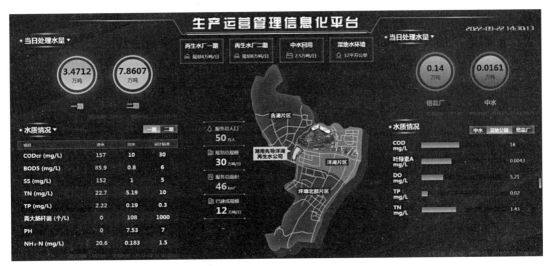

图4.2-3 洋湖再生水厂（二期）信息化管理平台

二期处理后的部分尾水进入洋湖湿地公园后进行再生利用，既保证了湿地公园的水景，又充分利用了湿地公园的自净功能以减少厂区能耗；其余尾水送入洋湖中水厂进行加氯消毒处理，再由中水加压泵经中水市政管网送达末端中水用户，供洋湖生态新城内城市绿化、道路清扫、洗车、居民冲厕等。二期项目实现了省内污水处理厂首例"零排放"，真正实现了节约水资源的目的。

4.2.3 项目成效与思考

洋湖再生水厂从建厂开始就坚持技术引领，不断引进和吸收两型先进技术。从选用节地节能节药的工艺技术，到率先建设纳入运营管理范畴的大规模人工湿地，均走在了行业的前列，同时也带来了良好的经济效益及社会环境效益。

4.3 常德市海绵城市水量水质监测平台运维管理应用

4.3.1 项目概况

2015年3月常德市成为全国首批海绵城市建设试点城市，并划定海绵城市建设区域：东起人民路，西至桃花源路，南以沅江河堤为界，北到铁路线，示范区总面积为41.21km²，其中老城区6.73km²，新城区29.33km²，拟建设地区5.15km²，如图4.3-1所示。

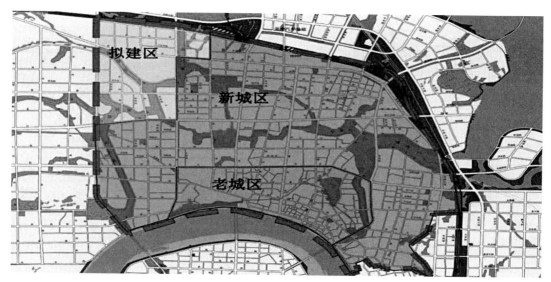

图4.3-1　常德市海绵城市建设示范区域示意图

在常德市海绵城市的试点建设工作过程中，国家相关文件中明确要求"建立有效的暴雨内涝监测预警体系""采取有效措施加强能力建设"，监测与管理平台是建立监测预警体系与能力建设的重要内容之一。根据《常德市海绵城市建设试点城市实施计划》，"常德市海绵城市水量水质监测平台"列入了海绵城市建设试点城市实施方案项目备案表，是海绵城市建设验收时需要完成的关键项目之一，海绵城市水量与水质监测网络是对海绵城市建设效果有效记录，是海绵城市考核的依据之一，是"城市水务数字化管理平台"重要组成部分。

4.3.2　项目特色与创新

1）构建了一张覆盖常德市中心城区的物联感知网络。

全天候在线监测海绵城市相关元素，全面、实时、准确掌握区域内的水环境、水生态、水安全、水资源等信息，涵盖雨量、流量、液位、水质等多项指标的监测仪表设备的建设，以及相关设施、设备的监测数据和运行状态监控。

2）构建了一套空间基础数据及地理信息管理系统。

通过地图服务及统一数据接口调用的方式，实时获取基础空间地理数据和遥感数据，并在此基础上整合海绵城市在线监测数据，形成海绵城市各类专题图，并进一步实现各类空间分析功能。考虑到海绵城市地理信息专题图和空间分析功能的专业性和复杂性，拟采用业内成熟的GIS基础平台作为地图引擎，支持相应的专题分析和空间分析功能。

3）构建了一个结合考核和运行需求的绩效量化计算体系。

以住房和城乡建设部《海绵城市建设绩效评价与考核指标（试行）》为基础，结合常德市海绵城市运行管理的实际需要，建立一套量化监管的指标体系，包括整体考核指标体系、项目或地块考核指标体系和设施运行评估指标体系，从规划、建设、运行到改造，对海绵城市全程进行数据记录，运用统计分析引擎+实时计算技术，精准评估海绵城市建设实施效果。

4）构建海绵试点建设前后的排水系统模型。

构建试点汇水范围内的海绵试点建设前、海绵试点区建设后两个排水系统模型，包括雨水管道、合流管道、内部河道与湖塘等排水设施，进行不同下垫面的产汇流水文模拟以及排水管网与河网一体化的水动力模拟，并耦合地表二维开展一二维耦合模拟。

5）实时模型模拟并推送内涝防汛信息。

根据气象部门提供的24h以内每2h的降雨量预测，对模型进行动态的运行。预测的地面积水情况可实时展现在管控平台上，供交通管理部门、城市排水管理部门、防汛部门提前进行暴雨的运行调度和辅助决策，并在重大气象灾害来临前，确定最优的应急处置方案，对事件的发展趋势进行跟踪。同时，平台还可联动气象部门及防汛部门，向市民推送实现基于LBS（基于位置服务）的城市排水内涝预警预报，市民可以通过关注微信查询城市内涝预警预报的详情信息。

4.3.3 项目成效与思考

常德市海绵城市分析评估报告根据监测数据及模型模拟，对示范区建设效果进行分析评估，确定源头减排、过程控制、末端治理的效果。

1）源头减排。

源头设施建设之后内涝积水消减率为43.13%，流量峰值消减率达到22.06%。

2）过程控制。

以船码头排水分区为例，共计11场降雨，径流平均控制61.27%，污染物平均控制在59.30%。结合其他降雨小于21mm，年径流总量控制率约为：80.64%，年污染物削减率约为：79.65%。

3）末端治理。

生态滤池消减效果均值为：TP消减达到61.57%，NH_3-N消减达到92.84%，TN消减达到65.28%，悬浮物消减达到67.96.76%，化学需氧量消减81.70%。

4）整体效果。

在降雨强度类似的情况下，2020年穿紫河沿河所有泵站排入穿紫河的水量明显比2017年减少，减少了约37.64%。模拟示范区径流总量控制率为78.69%。此外，穿紫河水质主要指标达到Ⅳ类水标准。穿紫河中上游可达到Ⅲ类水标准。

常德市海绵城市水量水质监测平台不仅实现海绵城市建设过程管控与考核评估功能，构建系统完整的常德海绵城市考核评估体系，还实现了对海绵城市建设项目的全生命周期管理，增强了常德市排水系统的监测预警能力，并助力提高排水管理部门的科学管理与决策水平。

4.4 长沙市开福污水处理厂提标改造及扩建工程

4.4.1 项目概况

项目位于长沙市开福区，南临浏阳河，东临芙蓉路，占地105.4亩❶。一期已建污水处理规模20万m³/d，采用MSBR工艺，出水执行一级B标准，尾水排入浏阳河。

该项目为开福污水处理厂二期提标及扩建工程，设计总规模30万m³/d，出水执行一级A标准：

（1）对已建20万m³/d提标改造，采用反硝化滤池+微砂高效沉淀池工艺。

（2）新建10万m³/d，采用初沉池+曝气生物滤池+微砂高效沉淀池工艺。

项目于2016年11月11日开工建设，2017年12月12日竣工验收，2018年2月8日通过环保验收，工程总投资5.4亿元，如图4.4-1所示。

图4.4-1 开福污水处理厂实景图

---

❶ 1亩≈666.667m²。

4.4.2 项目特色与创新

1）经济指标。

该工程原址提标扩建，占地105.40亩，总投资5.4亿元，吨水投资仅为1800元，国内类似项目吨水投资为4000元左右，节省工程投资6.6亿元。

2）节地。

项目通过采用建构筑物单元共壁组团、用地高效的BAF、微砂高效池等节地型工艺、竖向局部叠加等多种方式充分节地。总用地面积70268.95m²，用地指标0.234m²/（m³·d），仅为《城市污水处理工程项目建设标准》ZBBZH/CW中采用二级生化+深度处理工艺的污水处理厂建设用地指标（0.80～0.95 m²/（m³·d））的24%～29%，节约用地超169731 m²，节省土地费用3.7亿元。

3）节能。

处理水达一级A标准的能耗要求没有国家相关标准，现有可参考项目单位能耗通常在0.3～0.5 kWh/m³之间，该工程采用各种节能的新设备、新工艺和新措施，单位能耗仅为0.176～0.192kWh，达行业先进水平。

4）湖南省单座最大规模集成式污水处理系统。

工程采用的曝气生物滤池（单座10万m³/d）、反硝化滤池（单座20万m³/d）、微砂高效池（单座30万m³/d）工艺的组合运用为湖南省采用的单座最大规模集成式污水处理系统。

5）后续提标扩建工程的建设空间。

工程（二期）高度集约集成的设计，为后续扩建工程留出了极为宝贵的建设空间，三期提标扩建工程得以实施，扩建15万m³/d，总规模达45万m³/d，出水水质执行《湖南省城镇污水处理厂主要水污染物排放标准》DB43/T 1546—2018的一级标准。

6）绿色低碳市政设计理念。

景观设计做到无噪声、无臭气、有展示——水处理效果展示、水处理工艺展示、空气净化植物展示、垂直绿化展示。

4.4.3 项目成效与思考

1）社会效益。

该工程为保护湘江及其支流的水环境，控制污染总量，改善水环境质量，进一步践行了长沙建设两型社会的要求，对全省类似工程具有广泛的示范作用。

2）经济效益。

工程节地超169731m²，节省土地费用3.7亿元，节省工程投资6.6亿元，年节能2200万kW·h/a，年节约电费1760万元。

3）生态景观效益。

工程建筑景观设计贯彻低影响开发的"海绵城市"理念，采用绿化屋面、垂直绿化等一系列设计。进行了全厂范围的除臭降噪，同时采用植物包裹建筑、池顶覆土上布置小品植被等措施，使厂区成为城市中心的一座花园式污水处理厂。

4）环境效益。

工程建成投运后预计污染物年的削减量为：COD_{cr}减11729t；BOD_5减5413t；SS减11278t；TN减1038t；TP减180t，使排入浏阳河的污染物大大降低。

5）BIM技术深度应用，优化和展示设计成果。

创建厂区全专业BIM模型，利用BIM数据结合VR技术导出轻量化BIM模型，实现了沉浸式漫游查看总图及单体构筑物，检查复杂区域结构构造、各专业管线空间关系，避免专业间发生冲突。

最终完成的BIM模型也为直观展示设计意图、提高项目各参与方沟通效率提供了三维数字场景，如图4.4-2所示。

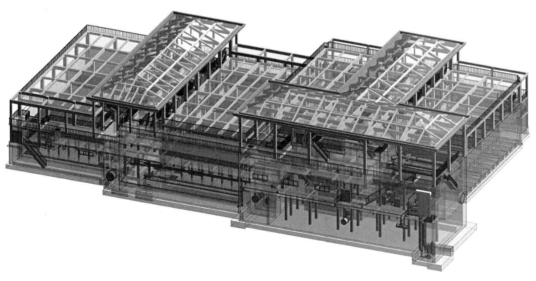

图4.4-2　BIM展示设计图

6）建设全省首家精确曝气工艺系统。

率全省之先使用AVS精确曝气控制系统，实现整个曝气环节的自动闭环控制，通过"前馈+模型+反馈"的多参数控制方式，结合其内嵌的控制逻辑，确保部分仪表损坏的情况下，曝气系统仍可闭环控制及稳定运行，实现更稳定的溶解氧控制，保证出水水质。

7）建立中控云平台系统，自动化程度高，生产稳定有效。

以长沙市开福污水处理厂为核心打造多地运营项目集中系统化管控平台，通过互联网或手机APP访问平台，实时查看各运营项目设备设施的实时和历史数据、报警信息，实现自动化监测、实时生产调度、快速移动巡检等快速联动机制，确保各运营项目尤其是异地项目的安全、高效、经济运营。

8）论文。

项目稳定运行后，设计组对工程设计特点进行了系统总结，论文《MSBR与BAF工艺用于市政污水处理工程提标扩建》发表于《中国给水排水》2020年第14期。

工程获2016年度湖南省优秀工程咨询成果三等奖、2019年度湖南省优秀工程勘察设计奖、优秀市政工程设计一等奖，2019年重点环境保护实用技术及示范工程等。

在用地有限、环境敏感、出水严格的背景下，既实现了原址提标扩建、除臭降噪、整体景观优化、出水稳定达标等目标，又做到了工程的节地、节能、节水、节材，在长沙的城市中心构建了一座创新优化、环境友好、生态美观的新型绿色现代化污水处理厂，受到行业内专家的一致好评，具有广泛的示范作用和推广价值。

4.5 长沙市湘湖污水处理厂提质改造暨中水回用示范工程

4.5.1 项目概况

长沙市湘湖污水处理厂，前身是原长沙市第二污水处理厂，地处车站路与晚报大道交汇处，1994年6月即投入运行，占地面积约52.5亩，设计规模为14万m^3/d。纳污范围南起雨花亭省银行学校，北至跃进湖，东起车站路，西至芙蓉路，是长沙市为数不多的位于主城区的污水处理厂。提质改造前，湘湖污水处理厂出水采用二级标准，工艺路线为氧化沟+二沉池，尾水排入浏阳河。项目提质改造完成后，污水处理工艺路线为A^2O+MBR+接触消毒工艺，出水达到国家准地表Ⅳ类水标准，其中TN≤8，尾水可作为长沙市烈士公园年嘉湖和跃进湖秋冬枯水季节补给用水，如图4.5-1所示。

图4.5-1　长沙市湘湖污水处理厂鸟瞰图

该项目为湖南省内首例大规模、高水质中水回用项目，其提质改造的重难点主要有以下几个方面：

1）出水水质要求高。

考虑到尾水需要作为长沙市烈士公园年嘉湖和跃进湖秋冬枯水季节补给用水，因此必须保证出水水质优良且稳定。

2）厂区周边环境敏感。

厂区位于长沙市市中心，周边高楼林立，且厂区西侧靠近湖南省委，因此必须保证厂区建设施工和运行期间对周边环境不造成影响。

3）在原厂址进行提质改造，用地紧张。

湘湖污水处理厂一期采用二级出水标准设计，厂区用地极为有限，此次提质改造工程周边已没有可再利用的地，需在原厂址用地内完成提质改造工程。

4.5.2　项目特色与创新

1）项目设计具有前瞻性，出水水质标准高。

工程为湖南省内首例大规模、高水质中水回用项目，出水经深度处理后可选择性回用作为长沙市烈士公园年嘉湖和跃进湖秋冬枯水季节补给用水，绿化浇酒用水和消防补水，该工程的实施部分实现《长沙市城市中水利用规划》所规定的目标，大大减少秋冬季两湖对自来水补给的依赖。

2）采用新工艺，降噪又除臭。

该工程建成时，所在区域属郊区，周围均为鱼塘、荒地等，随着城市的发展，厂区周围已经变成了高楼林立的城市"商住区"，环境十分敏感。因此，工程对湘湖污水处理厂进行了全厂范围的除臭降噪，采取了综合的技术措施，积极探索了"城中"污水处理厂的降噪除臭工艺路线。

3）集成化设计，充分利用场地。

设计利用了厂区的每一块用地，并对现有二沉池进行了整体拆除。新建的MBR构筑物集成了好氧池、膜池、鼓风机房、提升泵房、设备间、加药间、配电值班室等功能，进行了充分的集成设计。

4）项目采用的工艺先进、高效、可靠性高。

工程为节约用地，选择了先进合理的MBR处理工艺，并采取了集成式设计，在十分有限的场地上实现了厂区提标改造。MBR处理技术是一种将膜分离技术与传统污水生物处理工艺有机结合的新型高效污水处理与深度处理回用工艺。本工程为MBR膜处理技术在省内的首次大规模应用和探索，为今后的类似工程提供了宝贵的工程经验。通过两年多的生产性应用，证明该工艺是一种运行可靠、出水稳定、维护简单、易于控制的污水处理工艺，并在设计水质和现有场地条件下，基于活性污泥系统ASM动力学模型，采用Bio Win软件对整体工艺流程进行了数字化模拟核算，选取合理的运行参数，最终实现了项目出水稳定达标，如图4.5-2所示。

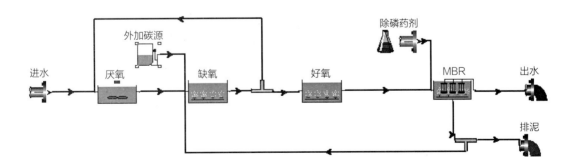

图4.5-2　长沙市湘湖污水处理厂工艺ASM模型

5）绿色市政设计理念。

景观设计中采用了绿色市政设计理念，景观设计做到无噪声；无臭气；有展示——水处理效果展示、水处理工艺展示、空气净化植物展示、垂直绿化展示；有文化——挖掘长沙窑陶罐和再生水回用结合的文化。

6）项目贯彻低影响开发的海绵城市理念。

采用了绿化屋面、垂直绿化、生态停车场等一系列设计，将厂区打造成美观、生态、人与自然充分融合的城市小游园。通过对厂区原有旧设施的景观重生，打造场所记忆；通过对原有的构筑元素提取再设计，创造出更加符合污水处理的特点独特景观语言，如图4.5-3 ~ 图4.5-6所示。

图4.5-3　入口陶罐展示

图4.5-4　垂直绿化

图4.5-5　厂内小品

图4.5-6　池顶公园

7）采用多种节能措施，降低运行成本。

工程综合采用了各种节能的新设备、新工艺和新措施，并在设计水质和现有场地条件下，基于活性污泥系统ASM动力学模型，采用Bio Win软件对整体工艺流程进行了数字化模拟，最终得到既能稳定达标，电耗及药耗均又省的工艺条件和运行参数，该工程单位电耗及药耗均低于同等规模项目水平。

4.5.3 项目成效与思考

1）经济指标。

该工程设计流量14万m^3/d，原址提质改造，占地面积52.5亩，工程总投资2.99亿元，吨水投资仅为2135元/m^3，而国内类似项目吨水投资均为4000元/m^3左右，节省工程投资超2.5亿元。

2）项目节地。

该工程总用地面积34991.54m^2，用地指标0.25m^2/（$m^3 \cdot d$），仅为《城市污水处理工程项目建设标准》ZBBZH/CW中采用二级生化+深度处理工艺的污水处理厂建设用地指标（0.80～0.95 m^2/（$m^3 \cdot d$））的25%～30%，节约用地超77000 m^2，节省土地费用超1.7亿元。

3）项目节能。

项目提质改造后，处理每立方米污水的电耗为0.4kWh/m^3，而国内现有的污水处理厂采用膜处理工艺的，处理每立方米污水的电耗均在0.50～0.60kWh/m^3之间，该项目能耗属于合理偏低范畴。项目年最少节能200万kWh/a，年节约电费160万元。

4）项目节水。

该工程出水经深度处理后可选择性回用作为长沙市烈士公园年嘉湖和跃进湖秋冬枯水季节补给用水，工程的实施将大大减少秋冬季两湖对自来水补给的依赖，年均节水量估计约为400万m^3左右。

5）项目节材。

该工程PAC及碳源投加量均控制在30mg/L以下，相对于同类出水水质的其他项目（PAC及碳源投加量均为50mg/L左右），此两种药剂均节约了20mg/L，PAC及碳源年均节约用量1000t，合计约为250万元。

6）环境效益。

长沙市湘湖污水处理厂提质改造将使排入浏阳河的污染物大大降低。

7）生态景观效益。

该工程不仅对湘湖污水处理厂进行了全厂全范围的除臭降噪，同时还从整体上提升了厂区景观环境，使原来人人避之唯恐不及的污水处理厂变为了城中花园，大大提升了周围群众的生活质量。

长沙市湘湖污水处理厂提质改造工程探索了省内污水处理厂的新的设计方法，充分体现了"绿色、循环、低碳"的绿色市政设计理念，在项目用地极为有限、周边环境敏感、出水要求严格的条件下，实现了提质改造、尾水再生回用、全厂除臭降噪，整体景观优化的目标。实测运行数据表明设施运行稳定，处理效果和出水水质优于设计标准。工程不仅提供了一座环境友好和生态美观的新型"绿色"现代化污水处理厂的典型案例，同时可为省内类似的改造项目提供重要的借鉴方法和经验。

4.6 长沙市长善垸污水处理厂改扩建工程

4.6.1 项目概况

项目位于长沙市芙蓉区东岸乡西龙村，位于浏阳河以北，海河路转弯处。长善垸纳污范围为西至芙蓉路，南至石坝路，东至锦绣路，北至开元路，纳污面积为55.88km²。长善垸污水处理厂改扩建工程于2013年9月启动，工程包含两部分内容，一是一期提标改造工程，规模16.0万m³/d，二是二期扩建工程，旱季规模20.0万m³/d，雨季规模38.0万m³/d，出水水质执行《城镇污水处理厂污染物排放标准》GB 18918—2002中一级A标准。该项目为当时湖南省最大的污水处理厂改扩建工程，采用AAO+高效沉淀池+反硝化深床滤池工艺，项目投资11.34亿元，如图4.6-1所示。

图4.6-1 长沙市长善垸污水处理厂鸟瞰图

4.6.2 项目特色与创新

1）不停产改造。

该工程除二期扩建外，还包括一期工程16万m^3/d规模污水从一级B提标至一级A，在改造过程中做到不停产改造。

2）强化生物处理，降低深度处理流程复杂度。

结合一期工程现状用地情况，仅对一期生物池周边进行局部迁改，即可腾出部分空地，充分利用现状空地增加一期生物池池容，来强化一期工程生物池处理效果，简化后续深度处理工艺，以节约工程投资和运行成本，便于运行管理。

3）多模式A^2O。

采用多模式A^2O池，可利用闸门灵活控制进水及混合液回流位置，调整缺氧区与厌氧区池容，可实现传统A^2O、AO（厌氧/好氧）、AO（缺氧/好氧）、改良A^2O、分点进水倒置A^2O等多种工艺方式运行。在操作形式及管理上更为灵活，具有更强的抗水质水量冲击负荷的能力。

4）设置泥水分离区。

通过在生物池中设置泥水分离区，提高回流污泥浓度以减少回流污泥体积，延长污水在生物池中的实际停留时间，从而提高生物池的容积利用率，强化生物池处理效果。

5）设置厂区巡检天桥。

设计结合厂区地坪和构筑物高程，在满足厂区总图运输及消防要求的前提下，设计了厂区构筑物之间的人行天桥，作为巡检通道，如图4.6-2所示。

高效沉淀池及连廊（一）　　　　　　　高效沉淀池及连廊（二）
　　　　（a）　　　　　　　　　　　　　　　（b）

图4.6-2　长沙市长善垸污水处理厂工艺设备图

高效沉淀池　　　　　　　　　　　　　深床滤池
（c）　　　　　　　　　　　　　　　（d）

图4.6-2　长沙市长善垸污水处理厂工艺设备图（续）

6）厂区生产用水及生活杂用水采用回用水。

厂区生产用水、生物除臭设施用水、厂区绿化浇洒用水、综合楼冲厕用水等均采用了回用水，降低了运行成本。

7）节能。

该设计实现了湘江综合枢纽建成后正常蓄水位时能自流排放。湘江长沙综合枢纽建成蓄水后，其正常蓄水位频率高，浏阳河常水位情况会有较大程度的变化，工程尾水排放处常水位将提高至31.32m。为避免出水泵房常年运行，节约能耗，工程将厂区工艺流程竖向布置按常水位条件下能自排进入水体布置，节约出水提升电耗，降低运行成本。

8）污泥系统全程除臭设计，确保污泥区干净整洁无异味。

污泥处理系统是污水处理厂异味最主要的源头，该设计将贮泥池、污泥脱水机房、污泥料仓全封闭除臭，确保了整个污泥区干净整洁无异味。

9）深度处理工艺稳妥可靠，且有进一步提高排放标准的可能。

深度处理工艺采用高效沉淀池+深床滤池组合工艺。深床滤池兼具过滤和反硝化功能，可进一步去除SS、TN、TP，确保能实现处理水质的稳定达标，同时具备在不进行工艺改造的前提下，进一步提高排放标准的可能。

10）总出水井顶标高结合防洪需要设计，安全性高。

2017年7月，长沙市雨花区黎托街道辖区竹沙桥泵站内一根机排管鸭嘴阀被洪水掀掉，导致浏阳河河水倒灌，自排闸钢门被冲裂，导致长沙大道以北、红旗路以西、川河路合围区域被淹。该工程尾水排水箱涵断面大，一旦发生倒灌，后果不堪设想，本设计除设置闸门外，还以总出水井池顶设计标高高于200年一遇洪水水位设计，确保尾水箱涵中所有闸门失效的情况下，仍不发生河水倒灌。

图4.6-3 长沙市长善垸污水处理厂改扩建工程效果图

11）建筑、园林绿化、水面融为一体。

综合楼建筑采用对称式布局，半围合空间形态，现代的建筑造型，让建筑大气端庄，富有张力。厂区内的建筑群采用坡屋顶的欧式的建筑风格，屋面高低错落，细部处理精细。园林、绿化、水面映衬着建筑，建筑融入其中成为一道风景，如图4.6-3所示。

12）优化设计，获实用新型专利一项。

项目优化了进水渠设计，该优化已获得实用新型专利一项，如图4.6-4所示，专利号ZL201720816150.9。

4.6.3 项目成效与思考

项目是浏阳河污染综合治理的重大项目，纳入湖南省污水处理设施建设"十二五"规划，对保护湘江水质、改善浏阳河沿线水体质量及生态环境具有重大意义。项目在总图布置、工艺优化、节能降耗等方面取得了明显的成效。

（1）项目总图结合厂区地坪和构筑物高程

图4.6-4 长沙市长善垸污水处理厂改扩建工程优化设计，获实用新型专利证书

设置厂区巡检天桥，使得运行维护更加便利。

（2）采取二沉池进水渠浮渣全自动排除装置、生物池设置泥水分离区、多模式A²O等多项工艺优化措施，使项目运行方便稳定。

（3）项目节能、节水效果明显，厂区绿化、生物除臭、污泥系统冲洗等均采用中水，节约水资源。厂区吨水处理电耗仅为0.236 kW·h/m³，远低于国内类似项目0.306kW·h/m³平均指标标准（一级A标）。

4.7 湘阴县排水管网智慧运维介绍

4.7.1 项目概况

湘阴位于湖南省东北部洞庭南岸，东临汨罗，西接益阳，南连长沙、望城。随着湘阴县城市建设规模的日益扩大，人民生活水平的不断提高，作为城市最为重要的基础设施之一的城市排水系统，是保障城市安全和人民的生命与财产的一道防线。

近年来受集中强降雨等极端天气增加的影响，城市道路多次出现积水，造成城市居民出行不便、财产受损，社会反响较大。严重的内涝不但给城市居民的生产生活带来极大不便，也造成了较大的经济损失。加强排水管网维护管理，能有效减少城市内涝，降低雨污水合流溢流问题显得尤为重要。湘阴县率先探索管理新模式，通过政府购买服务方式，采用第三方服务公司对湘阴县城区约200km排水管线智慧化运维管理，取得了良好的实效，如图4.7-1所示。

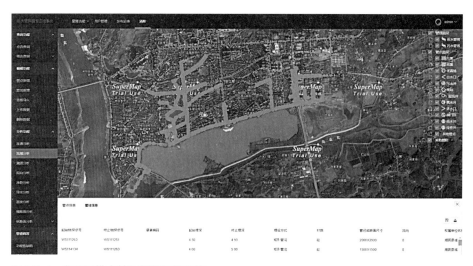

图4.7-1　湘阴县排水管网智慧运维系统

4.7.2 项目特色与创新

1）一张图抓调度。

通过分片逐段的普查和详细检测，全面厘清管网底账，充分掌握城区200km排水设施中的各类堵点、难点、雨污混接错接等重点问题，分类建立排水管网的信息资料库和排水GIS系统，通过智慧管网平台实现排水管网可视化一张图，清晰直观、立体全面地抓实科学调度，统筹推进排水管网的检测、疏浚、雨污分流改造等系统运维工作。

2）一班人抓运维。

成立一支专业运维团队，投入管道疏通车、吸污车、清淤机器人、检测机器人等专业化检测设备和养护设备，制定专业化、精细化的维护措施，落实任务分解作战表，实行精细化作业。平均每年疏浚一般路段排水管道3次，主干管道6次，易渍水地段排水管道6次，疏通主管道与支管道堵点30处，解决管道淤积堵塞信访问题161个。清理管道淤泥2340m³，特别是针对江东路至湖滨路下穿宗棠广场的箱涵内部堵塞淤积严重、无检查井可供作业、缺少工况资料、箱涵地下走向不明等难点，采取机器人深入箱涵探明线路、机器人清淤等特殊方式，高质量完成了该段箱涵的清淤。疏通工作，如图4.7-2所示。

图4.7-2 湘阴县排水管网现场清淤

3）一本账抓管理。

管道养护方面，按管网维护运营整体计划要求和管网分区、分片、分段顺序对管网实行常态化巡检，周期性冲洗，及时做好养护时间、管段位置的记录，输入管网工况信息资料库备查。检查井养护方面，按区分片进行编号，定期检查，发现检查井盖压坏、破损及时更换；对井盖周围破损路面按原有路面硬化类型修复，做好修复记录。通过周期性维护、系统性数据，分析总结易损重点区域，提出针对性改善方案。使排水管网长期处于良性运行状态。

4.7.3　项目成效与思考

排水管网的专业化运维有效发现并处理了雨污混接、管网破损、污水外排、城市内涝等多年来的痛点问题，从根本上切断了内湖水系黑臭和污水处理厂进水浓度偏低的源头，对通达湖、曹溪港、东湖以及湘江水质的保护有着重要的意义，践行了"绿水青山就是金山银山"的生态发展理念、"双碳"的环保战略。

附录一 全国城镇排水发展概况

根据《中国城乡建设统计年鉴》（2021），污水年排放总量为625.09亿m³，较2020年增长9.40%；污水处理厂共4592座，处理能力为24745.81万m³/d，较2020年增长6.15%；污水年处理总量为716.96亿m³，较2020年增长9.31%；2021年我国城市和县城排水管道长度为111.07万km，较2020年增长8.19%；排水设施建设固定资产投资为2714.74亿元，较2020年增长1.46%。

附1.1 全国城镇排水与污水处理设施总体情况

1.1.1 城市

截至2021年底，我国城市排水管道长度达到87.2万km。较2020年增长8.7%，其中污水管道、雨水管道和雨污合流管道长度分别为40.06万km、37.92万km、9.25万km，占比分别为45.92%、43.47%和10.61%。2011年~2021年我国城市排水管道长度变化情况如图附1.1-1所示。2011年~2021年城市新增排水管道主要为污水管道和雨水管道，分流制管道长度增加，雨污合流管道长度呈下降趋势。

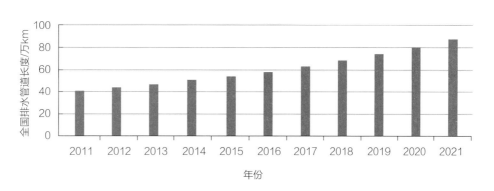

图附1.1-1 2011年~2021年我国城市排水管道长度变化情况
数据来源：《中国城乡建设统计年鉴》（2011~2021）

截至2021年底，我国城市污水处理厂数量达到2827座，较2020年增长7.98%，污水处理厂处理能力为20767.22万m³/d，较2020年增长7.79%。2001年~2021年我国城市污水处理厂数量及处理能力变化情况如图附1.1-2所示。

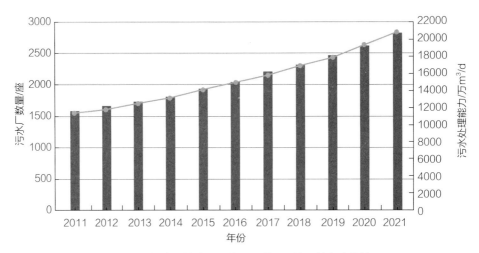

图附1.1-2　2011年～2021年我国城市污水处理厂数量及处理能力变化情况
数据来源：《中国城乡建设统计年鉴》（2011～2021）

截至2021年底，我国城市污水处理厂干污泥产生量为1442.90万t，较2020年增长24.09%；我国城市再生水生产能力为7134.9万m³/d，较2020年增长17.06%；再生水利量为161.05亿m³，较2020年增长18.96%.

截至2021年底，我国城市排水设施建设固定资产投资为2078.76亿元，较2020年降低1.70%，其中污水处理设施，污泥处置设施、再生水利用设施建设固定资产投资分别为855.31亿元，29.12亿元、38.45亿元，较2020年分别降低17.05%、降低21.00%、增加26.77%。2011年～2021年我国城市排水设施建设固定投资变化情况如图附1.1-3所示。

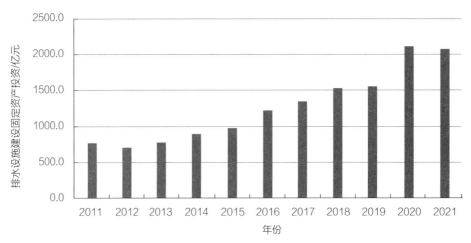

图附1.1-3　2011年～2021年我国城市排水设施建设固定资产投资变化情况
数据来源：《中国城乡建设统计年鉴》（2011～2021）

1.1.2　县城

截至2021年底，我国县城排水管道长度达到23.84万km，较2020年增长6.46%。其中污水管道、雨水管道和雨污合流管道长度分别为11.19万km、8.57万km、4.08万km，占比分别为46.94%、35.95%和17.11%。2011年~2021年我国县城排水管道长度变化情况如图附1.1-4所示，2011年~2021年县城新增排水管道主要为污水管道和雨水管道，分流制管道长度增加，雨污合流管道长度呈下降趋势。

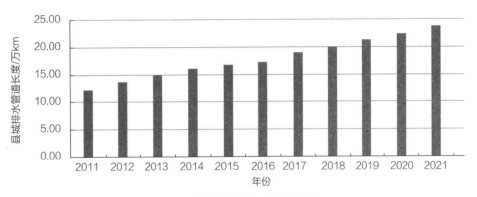

图附1.1-4　2011年~2021年我国县城排水管道长度变化情况
数据来源：《中国城乡建设统计年鉴》（2011~2021）

截至2021年底，我国县城污水处理厂数量达到1765座，较2020年增长3.34%，污水处理厂处理能力为3978.6万m³/d，较2020年增长5.53%。2011年~2021年我国县城污水处理厂数量及处理能力变化情况如图附1.1-5所示。

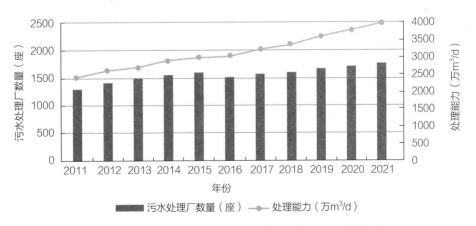

图附1.1-5　2011年~2021年我国县城污水处理厂数量和处理能力变化情况
数据来源：《中国城乡建设统计年鉴》（2011~2021）

截至2021年底，我国县城污水处理厂干污泥产生量198.89万t，较2020年增加17.05%；我国县城再生水生产能力为996.3万m³/d，较2020年增长22.85%，再生水利用量为15.08亿m³，较2020年增长22.40%；我国县城排水设施建设固定资产投资为635.98亿元，较2020年增长13.38%。其中污水处理设施、污泥处置设施、再生水利用设施建设固定资产投资分别为313.34亿元、14.57亿元、12.52亿元，较2020年分别增长78.33%、25.18%与降低19.59%。

附1.2 湖南与其他省市的总体情况比较

1.2.1 城市

截至2021年底，我国31个省市（自治区、直辖市）（暂未统计我国香港澳门台湾三个地区，下同）城市排水管道长度、污水处理厂数量及处理能力、干泥产生量、再生水生产能力及利用量见图附1.2-1～图附1.2-4。

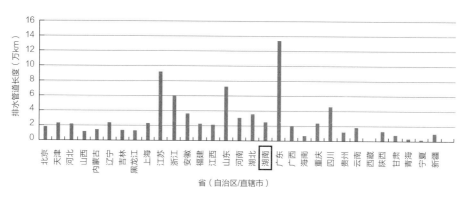

图附1.2-1 2021年我国31个省（自治区、直辖市）城市排水管道长度
数据来源：《中国城乡建设统计年鉴》（2021）

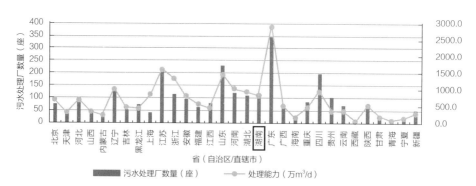

图附1.2-2 2021年我国31个省（自治区、直辖市）城市污水处理厂数量及处理能力
数据来源：《中国城乡建设统计年鉴》（2021）

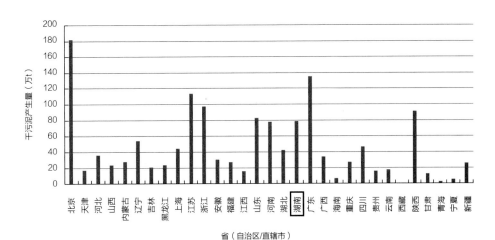

图附1.2-3　2021年我国31个省（自治区、直辖市）城市干污泥产生量
数据来源：《中国城乡建设统计年鉴》（2021）

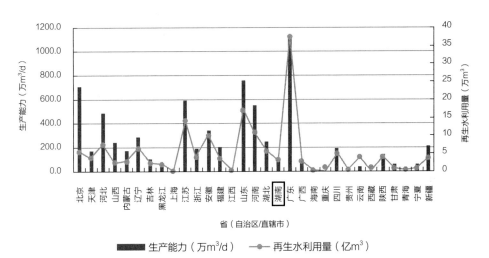

图附1.2-4　2021年我国31个省（自治区、直辖市）城市再生水生产能力及利用量
数据来源：《中国城乡建设统计年鉴》（2021）

1.2.2　县城

　　截至2021年底，我国28个省市（自治区、直辖市）县城排水管道长度、污水处理厂数量及处理能力、干污泥产生量、再生水生产能力及利用量如图附1.2-5～图附1.2-8所示。北京、天津、上海无县城设置，均转为城区。

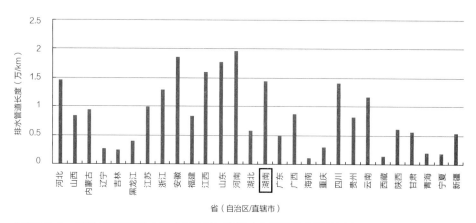

图附1.2-5　2021年我国28个省（自治区、直辖市）县城排水管道长度
数据来源：《中国城乡建设统计年鉴》（2021）

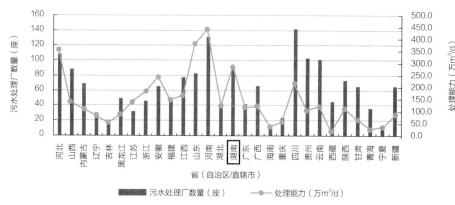

图附1.2-6　2021年我国28个省（自治区、直辖市）县城污水处理厂数量及处理能力
数据来源：《中国城乡建设统计年鉴》（2021）

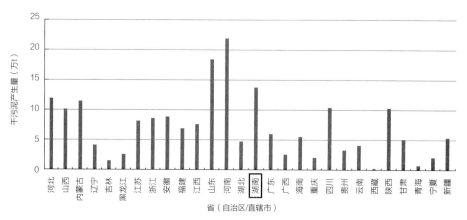

图附1.2-7　2021年我国28个省（自治区、直辖市）县城干污泥产生量
数据来源：《中国城乡建设统计年鉴》（2021）

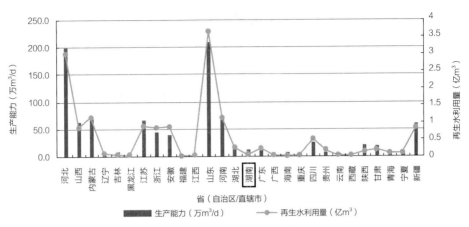

图附1.2-8 2021年我国28个省（自治区、直辖市）县城再生水生产能力及利用量
数据来源：《中国城乡建设统计年鉴》（2021）

附录二　国内2021年排水行业政策

附2.1　2021年国家发布的与排水相关的政策文件

2021年国家发布的与排水相关的政策文件

表附2.1-1

序号	名称及文号	网址链接	发布时间
1	国家发展改革委 科技部 工业和信息化部 财政部 自然资源部 生态环境部 住房城乡建设部 水利部 农业农村部 市场监管总局《关于推进污水资源化利用的指导意见》（发改环资〔2021〕13号）	https://www.ndrc.gov.cn/xwdt/tzgg/202101/t20210111_1264795_ext.html	2021-01-04
2	住房和城乡建设部《关于加强城市地下市政基础设施建设的指导意见》（建城〔2020〕111号）	http://www.gov.cn/zhengce/zhengceku/2021-01/06/content_5577510.htm	2020-12-30
3	住房和城乡建设部办公厅 工业和信息化部办公厅 公安部办公厅 交通运输部办公厅 广电总局办公厅 能源局综合司联合印发《关于加强窨井盖安全管理的指导意见》（建办督〔2021〕7号）	https://www.mohurd.gov.cn/gongkai/zhengce/zhengcefilelib/202102/20210226_249270.html	2021-02-09
4	国务院关于加快建立健全绿色低碳循环发展经济体系的指导意见（国发〔2021〕4号）	http://www.gov.cn/zhengce/content/2021-02/22/content_5588274.htm	2021-02-22
5	住房和城乡建设部《关于2021年全国城市排水防涝安全及重要易涝点整治责任人名单的通告》（建城函〔2021〕25号）	http://www.gov.cn/zhengce/zhengceku/2021-04/05/content_5597887.htm	2021-03-02
6	住房和城乡建设部办公厅《关于做好2021年城市排水防涝工作的通知》（建办城函〔2021〕112号）	http://www.gov.cn/zhengce/zhengceku/2021-03/26/content_5595970.htm	2021-03-16
7	国家发展改革委关于印发《2021年新型城镇化和城乡融合发展重点任务》的通知（发改规划〔2021〕493号）	https://www.ndrc.gov.cn/xwdt/tzgg/202104/t20210413_1272201.html?code=&state=123	2021-04-08
8	住房和城乡建设部关于发布国家标准《室外排水设计标准》的公告	https://www.mohurd.gov.cn/gongkai/zhengce/zhengcefilelib/202105/20210520_250183.html	2021-04-09
9	生态环境部关于印发《人工湿地水质净化技术指南》的通知（环办水体函〔2021〕173号）	https://www.mee.gov.cn/xxgk2018/xxgk/xxgk06/202104/t20210430_831538.html	2021-04-14
10	国务院办公厅《关于加强城市内涝治理的实施意见》（国办发〔2021〕11号）	http://www.gov.cn/zhengce/content/2021-04/25/content_5601954.htm	2021-04-08
11	财政部办公厅 住房城乡建设部办公厅 水利部办公厅《关于开展系统化全域推进海绵城市建设示范工作的通知》（财办建〔2021〕35号）	http://yn.mof.gov.cn/tongzhitonggao/202203/t20220329_3799276.htm	2021-04-25

续表

序号	名称及文号	网址链接	发布时间
12	国家发展改革委关于印发《污染治理和节能减碳中央预算内投资专项管理办法》的通知（发改环资规〔2021〕655号）	http://www.gov.cn/zhengce/zhengceku/2021-05/19/content_5608645.htm	2021-05-09
13	国家发展改革委关于修订印发《排水设施建设中央预算内投资专项管理暂行办法》的通知（发改投资规〔2021〕698号）	https://www.ndrc.gov.cn/xxgk/zcfb/ghxwj/202106/t20210602_1282422.html?code=&state=123	2021-05-20
14	财政部印发《水污染防治资金管理办法》的通知（财资环〔2021〕36号）	http://www.mof.gov.cn/gkml/caizhengwengao/wg2021/wg202109/202112/t20211220_3776494.htm	2021-06-02
15	国家发展改革委 住房城乡建设部关于印发《"十四五"城镇污水处理及资源化利用发展规划》（发改环资〔2021〕827号）	https://www.ndrc.gov.cn/xxgk/zcfb/ghwb/202106/t20210611_1283168.html?code=&state=123	2021-06-06
16	住房和城乡建设部 农业农村部 国家乡村振兴局《关于加快农房和村庄建设现代化的指导意见》（建村〔2021〕47号）	https://www.mohurd.gov.cn/gongkai/zhengce/zhengcefilelib/202106/20210621_250525.html	2021-06-08
17	国家发展改革委 住房城乡建设部关于印发《"十四五"黄河流域城镇污水垃圾处理实施方案》的通知（发改环资〔2021〕1205号）	https://zfxxgk.ndrc.gov.cn/web/iteminfo.jsp?id=18233	2021-08-17
18	生态环境部办公厅 国家卫生健康委员会办公厅 国家发展改革委员会办公厅 财政部办公厅 中央军委后勤保障部办公厅《关于加快补齐医疗机构污水处理设施短板 提高污染治理能力的通知》（环办水体〔2021〕19号）	https://www.mee.gov.cn/xxgk2018/xxgk/xxgk05/202108/t20210827_861038.html	2021-08-24
19	中共中央 国务院印发《黄河流域生态保护和高质量发展规划纲要》	http://www.gov.cn/zhengce/2021-10/08/content_5641438.htm	2021-10-08
20	中共中央办公厅 国务院办公厅印发《关于推动城乡建设绿色发展的意见》	http://www.gov.cn/zhengce/2021-10/21/content_5644083.htm	2021-10-21
21	国务院《关于印发2030年前碳达峰行动方案的通知》（国发〔2021〕23号）	http://www.gov.cn/zhengce/content/2021-10/26/content_5644984.htm	2021-10-24
22	中共中央 国务院《关于深入打好污染防治攻坚战的意见》	http://www.gov.cn/zhengce/2021-11/07/content_5649656.htm	2021-11-02
23	国家标准化管理委员会 中央网信办 科技部 工业和信息化部 民政部 生态环境部 住房和城乡建设部 农业农村部 商务部 应急部关于印发《"十四五"推动高质量发展的国家标准体系建设规划》的通知（国标委联〔2021〕36号）	https://www.sac.gov.cn/xxgk/zcwj/art/2021/art_51ab9411394a44d78985f6f5efdc80a7.html	2021-12-06
24	国家发展改革委水利部 住房和城乡建设部 工业和信息化部 农业农村部关于印发《黄河流域水资源节约集约利用实施方案》的通知（发改环资〔2021〕1767号）	https://www.ndrc.gov.cn/xxgk/zcfb/tz/202112/t20211216_1308191.html?code=&state=123	2021-12-06

附2.2 2021年湖南省、市发布的与排水相关的政策文件

2021年湖南省、市发布的与排水相关的政策文件

表附2.2-1

序号	名称及文号	网址链接	发布时间
1	湖南省住房和城乡建设厅关于印发《湖南省房屋建筑和市政基础设施工程施工及监理招标投标信用评价管理暂行办法》的通知（湘建监督〔2021〕26号）	http://www.hunan.gov.cn/xxgk/wjk/szbm/szfzcbm_19689/szfcxjst/gfxwj_19835/202103/t20210301_14660194.html	2021-02-22
2	湖南省住房和城乡建设厅关于印发《湖南省住房和城乡建设标准化"十四五"发展规划》的通知（湘建科〔2021〕76号）	http://zjt.hunan.gov.cn/xxgk/xinxigongkaimulu/tzgg/tzgg2jzjnykj/202105/t20210512_29310059.html	2021-05-06
3	湖南省住房和城乡建设厅关于发布《湖南省城市居住区绿色低碳建设标准》等5项湖南省工程建设地方标准的通知（湘建科〔2021〕143号）	http://zjt.hunan.gov.cn/zjt/xxgk/xinxigongkaimulu/tzgg/tzgg2jzjnykj/202108/t20210818_29310057.html	2021-08-18
4	湖南省人民政府办公厅关于全面推进城镇老旧小区改造工作的实施意见（湘政办发〔2021〕56号）	http://www.hunan.gov.cn/hnszf/xxgk/wjk/szfbgt/202109/t20210908_20541208.html	2021-09-03
5	湖南省生态环境厅关于印发《湖南省园区环境污染第三方治理环保服务规范（试行）》的通知（湘环函〔2021〕165号）	http://www.hunan.gov.cn/hnszf/xxgk/wjk/szbm/szfzcbm_19689/ssthjt/gfxwj_19835/202111/t20211129_21180416.html	2021-09-14
6	湖南省住房和城乡建设厅 湖南省自然资源厅关于切实加强城镇房屋建筑室外排水管网工程建设质量管理工作的通知（湘建设〔2021〕192号）	http://zjt.hunan.gov.cn/zjt/c101183/c101185/202111/t20211115_21035346.html	2021-10-22
7	湖南省住房和城乡建设厅关于发布《湖南省城镇排水管道非开挖修复更新技术标准》等5项湖南省工程建设地方标准的通知（湘建科〔2021〕211号）	http://zjt.hunan.gov.cn/zjt/xxgk/xinxigongkaimulu/zcfb/202111/t20211123_21174626.html	2021-11-11
8	湖南省住房和城乡建设厅 湖南省发展和改革委员会 湖南省财政厅 湖南省生态环境厅关于规范和加强全省乡镇生活污水处理设施运营管理的通知（湘建村〔2021〕210号）	http://www.hunan.gov.cn/hnszf/xxgk/wjk/szbm/szfzcbm_19689/szfcxjst/gfxwj_19835/202111/t20211128_21179532.html	2021-10-29
9	湖南省住房和城乡建设厅关于发布湖南省工程建设地方标准《湖南省城市管道直饮水系统技术标准》《湖南省城镇污水处理厂工程质量验收标准》的通知（湘建科〔2021〕227号）	http://zjt.hunan.gov.cn/zjt/xxgk/xinxigongkaimulu/tzgg/tzgg2jzjnykj/202112/t20211216_29310053.html	2021-12-10
10	长沙市人民政府办公厅关于印发长沙市乡镇污水处理厂建设和运行管理办法的通知（长政办发〔2021〕41号）	http://www.changsha.gov.cn/zfxxgk/zfwjk/szfbgt/202109/t20210901_10163766.html	2021-08-20
11	长沙市人民政府办公厅关于全面加快推进城镇老旧小区改造工作的实施意见（长政办发〔2021〕48号）	http://www.changsha.gov.cn/zfxxgk/zfwjk/szfbgt/202110/t20211025_10295483.html	2021-10-25
12	长沙市住房和城乡建设局 长沙市财政局 长沙市生态环境局关于印发《长沙市乡镇污水处理厂建设和运行 补助资金管理办法》的通知（长住建发〔2021〕121号）	http://szjw.changsha.gov.cn/zfxxgk/fdzdgknr/lzyj/gfxwj/202203/t20220301_10485154.html	2021-12-27

续表

序号	名称及文号	网址链接	发布时间
13	株洲市人民政府办公室关于印发《株洲市城区黑臭水体治理长制久清管理办法（试行）》的通知（株政办发〔2021〕2号）	http://www.zhuzhou.gov.cn/c18596/20210422/i1689241.html	2021-04-06
14	湘潭市人民政府办公关于印发《湘潭市海绵城市建设管理暂行办法》的通知（潭政办发〔2021〕13号）	http://www.xiangtan.gov.cn/1085/1082/1083/21604/content_981351.html	2021-05-19
15	湘潭市人民政府办公室关于印发《湘潭市城市地下管线管理办法》的通知（潭政办发〔2021〕17号）	http://www.xiangtan.gov.cn/1085/1082/1083/21604/content_981356.html	2021-07-01
16	益阳市人民政府办公室关于印发《益阳市海绵城市项目建设管理实施办法》的通知（益政办发〔2021〕2号）	http://www.yiyang.gov.cn/yiyang/2/78/39063/content_1364547.html	2021-04-01
17	益阳市人民政府办公室关于印发《益阳市中心城区城市排水设施建设与管理办法》的通知（益政办发〔2021〕8号）	http://www.yiyang.gov.cn/yiyang/2/78/39063/content_1470314.html	2021-10-26
18	郴州市人民政府办公室关于印发《郴州市城市地下管线信息数据共享应用及动态更新管理办法》的通知（郴政办发〔2021〕8号）	https://www.czs.gov.cn/html/zwgk/fggw/gfxwj/content_3311266.html	2021-04-03

附2.3　2021年其他省、市发布的与排水相关的政策文件

2021年其他省、市发布的与排水相关的政策文件　　　　　　　　　　　　　　　　　　　表附2.3-1

序号	区域位置	名称及文号	网址链接	发布时间
1	北京市	中共北京市委办公厅 北京市人民政府办公厅印发《北京市关于构建现代环境治理体系的实施方案》的通知（京办发〔2021〕3号）	http://www.beijing.gov.cn/zhengce/zhengcefagui/202103/t20210324_2318331.html	2021-03-10
2	北京市	北京市人民政府办公厅关于印发《北京市城市积水内涝防治及溢流污染控制实施方案（2021年—2025年）》的通知（京政办发〔2021〕6号）	http://www.beijing.gov.cn/zhengce/zhengcefagui/202105/t20210514_2389790.html	2021-05-11
3	北京市	北京市人民政府关于印发《北京市突发事件总体应急预案（2021年修订）》的通知（京政发〔2021〕19号）	http://www.beijing.gov.cn/zhengce/zhengcefagui/202108/t20210806_2457870.html	2021-07-09
4	上海市	上海市生态环境局关于印发《上海市土壤污染重点监管单位土壤和地下水污染隐患排查工作指南》的通知（沪环土〔2021〕101号）	https://sthj.sh.gov.cn/hbzhywpt2025/20210506/06b668b225784ddc81687b7e5322c33a.html	2021-04-19

续表

序号	区域位置	名称及文号	网址链接	发布时间
5	上海市	上海市生态环境局 市规划资源局 市水务局 市农业农村委 市住房城乡建设管理委 市绿化市容局关于印发《上海市地下水污染防治分区》的通知（沪环规〔2021〕5号）	https://sthj.sh.gov.cn/hbzhywpt1103/hbzhywpt5309/20210702/e785c3e5083f40ee94236417512d0250.html	2021-06-30
6	上海市	上海市生态环境局 上海市水务局关于开展农村水质反复水体治理工作的通知（沪环生〔2021〕264号）	https://sthj.sh.gov.cn/hbzhywpt2025/20211230/64d3aa14829e427a8f53d79a5f64f587.html	2021-12-28
7	天津市	天津市人民政府《关于天津市排水专项规划（2020—2035年）的批复》（津政函〔2021〕27号）	https://www.tj.gov.cn/zwgk/szfwj/tjsrmzf/202103/t20210331_5406164.html	2021-03-27
8	天津市	天津市人民政府办公厅关于印发《天津市水安全保障"十四五"规划》的通知（津政办发〔2021〕22号）	https://www.tj.gov.cn/zwgk/szfwj/tjsrmzfbgt/202107/t20210702_5494322.html	2021-06-25
9	天津市	天津市人民政府办公厅关于印发《天津市智慧城市建设"十四五"规划》的通知（津政办发〔2021〕52号）	https://www.tj.gov.cn/zwgk/szfwj/tjsrmzfbgt/202112/t20211231_5768063.html	2021-12-28
10	辽宁省	辽宁省人民政府办公厅关于《加强全省高耗能、高排放项目准入管理》的意见（辽政办发〔2021〕6号）	https://www.ln.gov.cn/web/zwgkx/lnsrmzfgb/2021n/qk/2021n_dsq/szfbgtwj/04FD7B7CDEEC4FB3A5CBF18316F1397A/index.shtml	2021-02-26
11	浙江省	浙江省发改委 浙江省生态环境厅关于印发《浙江省水生态环境保护"十四五"规划》的通知（浙发改规划〔2021〕210号）	https://www.zj.gov.cn/art/2021/6/8/art_1229203592_2301989.html	2021-05-31
12	吉林省	吉林省人民政府办公厅关于印发《吉林省空气、水环境、土壤环境质量巩固提升三个行动方案》的通知（吉政办发〔2021〕10号）	http://xxgk.jl.gov.cn/szf/gkml/202103/t20210303_7955890.html	2021-02-24
13	吉林省	吉林省人民政府关于加快建立健全绿色低碳循环发展经济体系的实施意见（吉政发〔2021〕18号）	http://xxgk.jl.gov.cn/szf/gkml/202109/t20210903_8206891.html	2021-09-01
14	黑龙江省	黑龙江省人民政府办公厅关于全面推进城镇老旧小区改造工作的实施意见（黑政办规〔2021〕15号）	https://www.hlj.gov.cn/hlj/c107918/202108/c00_30633821.shtml	2021-07-09
15	黑龙江省	黑龙江省工业和信息化厅 黑龙江省民政厅 黑龙江省住房和城乡建设厅 黑龙江省科技厅 黑龙江省生态环境厅 黑龙江省交通运输厅 黑龙江省水利厅 黑龙江省文化和旅游厅 黑龙江省应急管理厅 黑龙江省市场监督管理局 黑龙江省体育局 黑龙江省发展和改革委员会 黑龙江省林业和草原局 黑龙江省乡村振兴局 关于转发《住房和城乡建设部等15部门关于加强县城绿色低碳建设的意见》的通知（黑建函〔2021〕272号）	http://zfcxjst.hlj.gov.cn/zc_info/1/8/2021-00521.html	2021-08-30

序号	区域位置	名称及文号	网址链接	发布时间
16	上海市	上海市生态环境局 上海市水务局关于开展农村水质反复水体治理工作的通知（沪环生〔2021〕264号）	https://sthj.sh.gov.cn/hbzhywpt2025/20211230/64d3aa14829e427a8f53d79a5f64f587.html	2021-12-28
17	黑龙江省	黑龙江省人民政府关于印发《黑龙江省"十四五"土壤地下水和农村生态环境保护规划》的通知（黑政规〔2021〕19号）	https://www.hlj.gov.cn/hlj/c107902/202211/c00_31443909.shtml	2021-12-29
18	河北省	河北省发展和改革委员会 河北省科学技术厅 河北省工业和信息化厅 河北省财政厅 河北省自然资源厅 河北省水利厅 河北省生态环境厅 河北省农业农村厅 河北省住房和城乡建设厅 河北省市场监督管理局关于印发《推进污水资源化利用的实施方案》的通知（冀发改环资〔2021〕374号）	http://hbdrc.hebei.gov.cn/web/web/xxgkzhzwtztg/2c94738478bedea30178bf6d7811263a.htm	2021-03-28
19	河北省	河北省人民政府办公厅关于印发《河北省县城建设提质升级三年行动实施方案（2021—2023年）》的通知（冀政办字〔2021〕56号）	http://info.hebei.gov.cn//hbszfxxgk/6806024/6807473/6807180/6953076/6953081/6968910/index.html	2021-05-06
20	河北省	河北省人民政府办公厅关于印发《河北省城市环境容貌整治行动实施方案》的通知（冀政办字〔2021〕66号）	http://info.hebei.gov.cn /hbszfxxgk/ 6806024/6807473/ 6807180/ 6953076 /6953081/ 6968928/ index.html	2021-05-31
21	河北省	河北省水利厅关于印发《全省水旱灾害防御汛前大检查工作方案》的通知（冀水防〔2021〕10号）	http://info.hebei.gov.cn/hbszfxxgk/329975/329988/330126/6970608/index.html	2021-03-08
22	河北省	河北省水利厅关于印发《穿跨邻接河北省南水北调配套工程项目管理和监督检查办法（试行）》的通知（冀水南调〔2021〕44号）	http://info.hebei.gov.cn/hbszfxxgk/329975/329988/330126/6996368/index.html	2021-12-23
23	河北省	河北省人民政府办公厅关于印发《河北省城市内涝治理实施方案》的通知（冀政办字〔2021〕165号）	http://info.hebei.gov.cn//hbszfxxgk /6806024/6807473/6807180/6953076/6953109/7006562/index.html	2021-12-29
24	山西省	山西省人民政府办公厅关于印发《山西省水环境质量巩固提升2021年行动计划》的通知（晋政办发〔2021〕64号）	https://www. shanxi.gov. cn/zfxxgk/zfxxgkzl/ fdzdgknr/ lzyj/szfbgtwj /202205/ t20220513_ 5978672.shtml	2021-07-19
25	山西省	山西省人民政府办公厅关于印发《山西省黄河流域国考断面水质稳定达标管理办法（试行）》的通知（晋政办发〔2021〕78号）	https://www.shanxi.gov.cn/zfxxgk/ zfxxgkzl/fdzdgknr/lzyj/szfbgtwj/202205/t20220513_5978688.shtml	2021-08-31
26	山西省	山西省人民政府办公厅关于印发《山西省黄河干支流耗水指标细化方案》的通知（晋政办函〔2021〕160号）	https://www.shanxi.gov.cn/zfxxgk/zfcbw/zfgb2/2022nzfgb_76593/d1q_76594/szfbgtwj_77828/202205/t20220513_5978716.shtml	2021-12-23

续表

序号	区域位置	名称及文号	网址链接	发布时间
27	山西省	山西省人民政府关于印发《山西省城市地下管线管理办法》的通知（晋政发〔2021〕49号）	https://www.shanxi.gov.cn/zfxxgk/zfcbw/zfgb2/2022nzfgb_76593/d1q_76594/szfwj_77827/202205/t20220513_5976553.shtml	2021-12-29
28	山西省	山西省人民政府办公厅关于印发《山西省"五水综改"总方案及子方案（2021—2025年）》的通知（晋政办发〔2021〕100号）	https://www.shanxi.gov.cn/zfxxgk/zfcbw/zfgb2/2022nzfgb_76593/d1q_76594/szfbgtwj_77828/202205/t20220513_5978720.shtml	2021-12-28
29	内蒙古自治区	内蒙古自治区人民政府关于加快建立健全绿色低碳循环发展经济体系具体措施的通知（内政发〔2021〕9号）	https://www.nmg.gov.cn/zwgk/zfgb/2021n/202120/202111/t20211102_1921536.html	2021-09-17
30	内蒙古自治区	内蒙古自治区人民政府办公厅关于印发《自治区新型城镇化规划（2021—2035年）》的通知（内政办发〔2021〕74号）	https://www.nmg.gov.cn/zwgk/zfgb/2021n/202122/202112/t20211222_1983346.html	2021-11-22
31	内蒙古自治区	内蒙古自治区水利厅《内蒙古自治区地下水保护和管理条例》（内蒙古自治区第十三届人民代表大会常务委员会公告第六十五号）	http://slt.nmg.gov.cn/sldt/tzgg/202111/t20211119_1955686.html	2021-11-16
32	四川省	四川省住房和城乡建设厅关于印发《四川省城市（县城）建成区排水管网排查技术导则（试行）》的通知（川建城建发〔2021〕25号）	http://jst.sc.gov.cn/scjst/c101428/2021/2/4/b449b90f3688421faa2c44d26acec8b3.shtml	2021-02-04
33	四川省	四川省生态环境厅 四川省文化和旅游厅 四川省体育局 四川省机关事务管理局 四川省林业和草原局关于印发《四川省积极有序推广和规范碳中和方案》的通知（川环发〔2021〕5号）	http://sthjt.sc.gov.cn/sthjt/wjtztw/2021/4/2/24e00219a8374312a30324af8736ab6c.shtml	2021-03-29
34	四川省	四川省生态环境厅办公室关于推进2021年固定污染源自动监控建设应用的通知（川环办函〔2021〕145号）	http://sthjt.sc.gov.cn/sthjt/tbw/2021/5/7/a94c4ebc913c49d6b41bf2bb3e918dec.shtml	2021-04-30
35	四川省	四川省住房和城乡建设厅 四川省人民检察院 四川省经济和信息化厅 四川省公安厅 四川省交通运输厅 四川省广播电视局 四川省通信管理局《关于加强窨井盖安全管理的实施意见》（川建行规〔2021〕8号）	http://jst.sc.gov.cn/scjst/c101428/2021/7/1/5319734c371e414b8a86748f6e5b2f0c.shtml	2021-06-25
36	四川省	四川省防汛抗旱指挥部关于印发《四川省应对城市内涝工作指引（试行）》的通知（川防指汛发〔2021〕20号）	http://jst.sc.gov.cn/scjst/c101428/2021/8/16/f36a24ecf8534f1aa0b0cda977e231a8.shtml	2021-08-14
37	四川省	四川省住房和城乡建设厅关于印发《四川省城市（县城）生活污水处理厂运营评估技术导则（试行）》的通知（川建城建发〔2021〕249号）	http://jst.sc.gov.cn/scjst/c101428/2021/9/7/c210dc56c3814c749f9a4bf11ad5345d.shtml	2021-09-05

续表

序号	区域位置	名称及文号	网址链接	发布时间
38	四川省	四川省住房和城乡建设厅关于印发《四川省城镇生活污水处理厂污泥处理处置技术指引（试行）》的通知（川建城建函〔2021〕1228号）	http://jst.sc.gov.cn/scjst/c101428/2021/9/9/f445a480ec4d4c48b7b2613bdd2bb822.shtml	2021-09-09
39	四川省	四川省生态环境厅 四川省市场监督管理局关于发布《四川省泡菜工业水污染物排放标准》的通知（川环函〔2021〕835号）	http://scjgj.sc.gov.cn/scjgj/c104492/2021/9/26/2213512b5d014cd5ba2b9cf0f14e0376.shtml	2021-09-24
40	山东省	山东省生态环境厅关于印发《南四湖流域水污染综合整治三年行动方案（2021—2023年）》的通知（鲁环发〔2021〕4号）	http://xxgk.sdein.gov.cn/zfwj/lhf/202107/t20210719_3675554.html	2021-07-09
41	山东省	山东省生态环境厅关于加强高耗能、高排放建设项目生态环境源头防控的实施意见（鲁环发〔2021〕5号）	http://xxgk.sdein.gov.cn/zfwj/lhf/202107/t20210726_3679955.html	2021-07-16
42	山东省	山东省生态环境委员会办公室《关于在小清河流域开展陆海协同共治试点工作的指导意见》（鲁环委办〔2021〕38号）	http://xxgk.sdein.gov.cn/zfwj/lhwb/202205/t20220525_3929562.html	2021-10-29
43	山东省	山东省生态环境厅 山东省财政厅 山东省自然资源厅 山东省住房和城乡建设厅 山东省水利厅 山东省农业农村厅关于印发《山东省人工湿地建设运行三年行动计划（2021—2023年）》的通知（鲁环发〔2021〕14号）	http://xxgk.sdein.gov.cn/zfwj/lhf/202112/t20211228_3823732.html	2021-12-22
44	河南省	河南省住房和城乡建设厅关于发布工程建设标准《河南省海绵城市设计标准》的公告（公告〔2021〕72号）	https://hnjs.henan.gov.cn/2021/09-26/2319283.html	2021-09-24
45	河南省	河南省人民政府办公厅关于印发《河南省城市内涝治理实施方案》的通知（豫政办〔2021〕57号）	http://www.henan.gov.cn/2021/10-21/2331267.html	2021-10-15
46	河南省	河南省人民政府办公厅关于印发《河南省四水同治规划（2021—2035年）》的通知（豫政办〔2021〕84号）	https://www.henan.gov.cn/2022/01-24/2387558.html	2021-12-31
47	河南省	河南省人民政府关于印发《河南省"十四五"水安全保障和水生态环境保护规划》的通知（豫政〔2021〕42号）	https://www.henan.gov.cn/2022/01-21/2386201.html	2021-12-31
48	广东省	广东省住房和城乡建设厅关于发布广东省标准《智慧排水建设技术规范》的公告（粤建公告〔2021〕9号）	http://zfcxjst.gd.gov.cn/gkmlpt/content/3/3237/post_3237619.html#1422	2021-02-02
49	广东省	广东省住房和城乡建设厅关于印发《广东省城镇排水管网设计施工及验收技术指引（试行）》的通知（粤建质〔2021〕20号）	http://zfcxjst.gd.gov.cn/gkmlpt/content/3/3220/post_3220806.html#1422	2021-02-03
50	广东省	广东省住房和城乡建设厅关于发布广东省标准《球墨铸铁排水管道工程技术规程》的公告（粤建公告〔2021〕25号）	http://zfcxjst.gd.gov.cn/gkmlpt/content/3/3307/post_3307977.html#1422	2021-05-14

续表

序号	区域位置	名称及文号	网址链接	发布时间
51	广东省	广东省住房和城乡建设厅关于2021年中央财政城市管网及污水处理补助资金分配方案的公示（粤建公示〔2021〕19号）	http://zfcxjst.gd.gov.cn/gkmlpt/content/3/3459/post_3459208.html#1422	2021-08-09
52	广东省	广东省住房和城乡建设厅关于印发《广东省城镇生活污水处理"十四五"规划》的通知（粤建城〔2021〕216号）	http://zfcxjst.gd.gov.cn/gkmlpt/content/3/3756/post_3756549.html#3846	2021-12-23
53	湖北省	湖北省生态环境厅办公室关于做好重点流域水华防控工作的通知（鄂环办函〔2021〕18号）	http://sthjt.hubei.gov.cn/fbjd/zc/zcwj/sthjt/qt/202101/t20210128_3315281.shtml	2021-01-19
54	湖北省	湖北省生态环境厅办公室关于扎实做好中央水污染防治资金项目实施有关工作的通知（鄂环办函〔2021〕31号）	http://sthjt.hubei.gov.cn/fbjd/zc/zcwj/sthjt/qt/202103/t20210319_3410310.shtml	2021-02-03
55	湖北省	湖北省生态环境厅关于"十四五"地下水环境考核评估目标修改意见的函（鄂环函〔2021〕113号）	http://sthjt.hubei.gov.cn/fbjd/zc/zcwj/sthjt/ehh/202104/t20210419_3477266.shtml	2021-04-06
56	湖北省	湖北省生态环境厅关于开展2020年度碳排放核查工作的通知（鄂环函〔2021〕157号）	http://sthjt.hubei.gov.cn/fbjd/zc/zcwj/sthjt/ehh/202106/t20210604_3577407.shtml	2021-05-10
57	湖北省	湖北省生态环境厅关于印发《湖北省污染源自动监控管理办法》《湖北省污染源自动监控管理技术指南》的通知（鄂环发〔2021〕43号）	http://sthjt.hubei.gov.cn/fbjd/zc/zcwj/sthjt/ehf/202107/t20210707_3634143.shtml	2021-07-01
58	湖北省	湖北省生态环境厅办公室关于开展实施省级污染源智能监控系统建设项目（六期）的通知（鄂环办〔2021〕46号）	http://sthjt.hubei.gov.cn/fbjd/zc/zcwj/sthjt/ehb/202108/t20210802_3675564.shtml	2021-07-07
59	湖北省	湖北省生态环境厅办公室关于印发2021年水污染防治攻坚工作安排的通知（鄂环办〔2021〕51号）	http://sthjt.hubei.gov.cn/fbjd/zc/zcwj/sthjt/ehb/202108/t20210802_3675580.shtml	2021-07-16
60	湖北省	湖北省生态环境厅关于扎实做好2021年度地下水生态环境保护工作的通知（鄂环办〔2021〕56号）	http://sthjt.hubei.gov.cn/fbjd/zc/zcwj/sthjt/ehb/202108/t20210824_3717649.shtml	2021-08-05
61	湖北省	湖北省生态环境厅关于印发《湖北省2020年度碳排放权配额分配方案》的通知（鄂环发〔2021〕54号）	http://sthjt.hubei.gov.cn/fbjd/zc/zcwj/sthjt/ehf/202109/t20210918_3769548.shtml	2021-09-07
62	湖北省	湖北省生态环境厅关于印发《湖北省入湖排污口排查整治分类规则（试行）》《湖北省入湖排污口命名与编码规则（试行）》《湖北省入湖排污口标志牌设置规则（试行）》的通知（鄂环发〔2021〕74号）	http://sthjt.hubei.gov.cn/fbjd/zc/zcwj/sthjt/ehf/202206/t20220629_4197155.shtml	2021-11-25
63	江西省	江西省住房和城乡建设厅 江西省发展和改革委员会 江西省自然资源厅 江西省水利厅关于印发《江西省城市内涝治理实施方案》的通知（赣建城〔2021〕54号）	http://zjt.jiangxi.gov.cn/art/2021/11/24/art_40687_3757801.html	2021-11-19
64	江西省	江西省住房和城乡建设厅关于印发《江西省建制镇生活污水处理设施建设技术导则（试行）》的通知（赣建村〔2021〕29号）	http://www.yudu.gov.cn/ydxxxgk/CI00263ph/202112/4f92ebbf7f6d4fef924879f24c0af43a.shtml	2021-12-20

序号	区域位置	名称及文号	网址链接	发布时间
65	江西省	江西省住房和城乡建设厅关于印发《江西省"十四五"住房城乡建设发展规划的通知》（赣建计〔2021〕42号）	http://zjt.jiangxi.gov.cn/art/2021/12/29/art_40712_3812690.html	2021-12-27
66	贵州省	贵州省住房城乡建设厅关于印发《贵州省城市（县城）排水管网排查评估技术导则（试行）》的通知（黔建城通〔2021〕17号）	http://zfcxjst.guizhou.gov.cn/zwgk/xxgkml/zdlygk/csjs/202111/t20211122_71754252.html	2021-03-04
67	云南省	云南省住房和城乡建设厅关于印发《云南省"十四五"城市市政基础设施规划》的通知（云建城〔2021〕191号）	https://zfcxjst.yn.gov.cn/zhengfuxinxigongkai/zhengcewenjian8775/qitawenjian8778/285683.html	2021-12-27
68	安徽省	安徽省发展改革委 安徽省住房城乡建设厅关于印发《加快推进城镇生活污水处理设施补短板强弱项工作方案》的通知（皖发改环资函〔2021〕561号）	http://fzggw.ah.gov.cn/public/7011/145569681.html	2020-12-31
69	安徽省	安徽省住房和城乡建设厅关于印发《安徽省住房和城乡建设事业发展"十四五"规划的通知》（建综〔2021〕77号）	http://dohurd.ah.gov.cn/public/6991/55958661.html	2021-09-10
70	福建省	福建省住房和城乡建设厅关于扎实推进乡镇生活污水、农村生活垃圾治理市场化工作的通知（闽建村〔2021〕3号）	http://zjt.fujian.gov.cn/xxgk/zfxxgkzl/xxgkml/dfxfgzfgzhgfxwj/czjs_3793/202103/t20210331_5560352.htm	2021-03-19
71	福建省	福建省住房和城乡建设厅关于印发《福建省住房和城乡建设系统防洪防台防涝应急预案（2021版）》的通知（闽建安〔2021〕4号）	http://zjt.fujian.gov.cn/xxgk/zfxxgkzl/xxgkml/dfxfgzfgzhgfxwj/qt_3796/202105/t20210510_5591811.htm	2021-04-29
72	福建省	福建省人民政府办公厅关于印发福建省农村生活污水提升治理五年行动计划（2021—2025年）的通知（闽政办〔2021〕28号）	https://zfgb.fujian.gov.cn/9261	2021-06-17
73	福建省	福建省发展和改革委员会 福建省科学技术厅 福建省工业和信息化厅 福建省财政厅 福建省自然资源厅 福建省生态环境厅 福建省住房和城乡建设厅 福建省水利厅 福建省农业农村厅 福建省市场监督管理局关于印发《福建省推进污水资源化利用实施方案》的通知（闽发改生态〔2021〕452号）	http://fgw.fujian.gov.cn/zfxxgkzl/zfxxgkml/bwgfxwj/202107/t20210721_5653021.htm	2021-07-13
74	福建省	福建省生态环境厅关于印发农村生活污水提升治理建设与运维指引及相关图集的通知（闽环保土〔2021〕11号）	http://sthjt.fujian.gov.cn/zwgk/zfxxgkzl/zfxxgkml/mlwrfz/202109/t20210901_5679276.htm	2021-08-25

续表

序号	区域位置	名称及文号	网址链接	发布时间
75	福建省	福建省生态环境厅 福建省卫生健康委员会 福建省发展和改革委员会 福建省财政厅 福建省军区保障局关于加快补齐医疗机构污水处理设施短板进一步提高污染治理能力的通知（闽环保水〔2021〕3号）	http://sthjt.fujian.gov.cn/zwgk/zfxxgkzl/zfxxgkml/mlwrfz/202109/t20210917_5691046.htm	2021-09-13
76	福建省	福建省生态环境厅关于印发《福建省铅蓄电池行业污染防治工作指南（试行）》的通知（闽环保固体〔2021〕17号）	http://sthjt.fujian.gov.cn/zwgk/zfxxgkzl/zfxxgkml/mlwrfz/202110/t20211018_5743281.htm	2021-10-11
77	福建省	福建省生态环境厅关于征求《冶金工业废水中铊污染物排放标准（征求意见稿）》意见的函（闽环水函〔2021〕25号）	http://sthjt.fujian.gov.cn/zwgk/zfxxgkzl/zfxxgkml/mlwrfz/202111/t20211103_5764457.htm	2021-10-21
78	海南省	海南省人民政府办公厅关于印发海南省"十四五"水资源利用与保护规划的通知（琼府办〔2021〕14号）	https://www.hainan.gov.cn/hainan/szfbgtwj/202105/7fef504743d14aea83fe6e54e57a64c9.shtml	2021-05-10
79	海南省	海南省生态环境厅关于进一步加强和规范入海排污口管理工作的通知（琼环海字〔2021〕3号）	http://hnsthb.hainan.gov.cn/xxgk/0200/0202/zwgk/zfwj/202110/t20211013_3073842.html	2021-10-09
80	海南省	海南省生态环境厅关于印发《海南省农村生活污水治理率计算方法》的通知（琼环土字〔2021〕19号）	http://hnsthb.hainan.gov.cn/xxgk/0200/0202/hjywgl/trhjgl/202112/t20211208_3108830.html	2021-12-06
81	甘肃省	甘肃省人民政府办公厅关于印发甘肃省防汛抗洪应急预案的通知（甘政办发〔2021〕75号）	http://www.gansu.gov.cn/gsszf/c100055/202109/1819640.shtml	2021-08-17
82	甘肃省	甘肃省生态环境厅关于印发《甘肃省排污许可管理实施细则（试行）》的通知（甘环环评发〔2021〕8号）	http://sthj.gansu.gov.cn/sthj/c114871/202209/2120404.shtml	2021-09-11
83	青海省	青海省人民政府办公厅关于印发青海省全面推进城镇老旧小区改造工作实施方案的通知（青政办〔2021〕13号）	http://www.qinghai.gov.cn/xxgk/xxgk/fd/zfwj/202103/t20210304_182568.html	2021-02-22
84	青海省	青海省发展和改革委员会 青海省科学技术厅 青海省工业和信息化厅 青海省财政厅 青海省自然资源厅 青海省生态环境厅 青海省住房和城乡建设厅 青海省水利厅 青海省农业农村厅 青海省市场监督管理局关于印发《青海省推进污水资源化利用的实施方案》的通知（青发改环资〔2021〕529号）	http://fgw.qinghai.gov.cn/zfxxgk/sdzdgknr/fgwwj/202109/t20210903_78856.html	2021-08-24
85	青海省	青海省人民政府办公厅关于印发青海省"十四五"水安全保障规划的通知（青政办〔2021〕99号）	http://www.qinghai.gov.cn/xxgk/xxgk/fd/ghxx/202112/t20211230_188808.html	2021-12-13

续表

序号	区域位置	名称及文号	网址链接	发布时间
86	青海省	青海省人民政府办公厅关于印发青海省"十四五"城乡住房发展规划的通知（青政办〔2021〕107号）	http://www.qinghai.gov.cn/xxgk/xxgk/fd/ghxx/202201/t20220112_188880.html	2021-12-16
87	重庆市	重庆市人民政府办公厅关于印发重庆市统筹沿江防洪排涝和城市建设开展基础设施灾后重建工作试点实施方案的通知（渝府办〔2021〕5号）	http://www.cq.gov.cn/zwgk/zfxxgkml/szfwj/qtgw/202104/t20210401_9058889.html	2021-03-13
88	重庆市	重庆市住房和城乡建设委员会关于发布2021年《重庆市排水管网设施养护维修定额》的通知（渝建管〔2021〕78号）	http://zfcxjw.cq.gov.cn/zwgk_166/zfxxgkmls/zcwj/qtwj/202104/t20210407_9077392.html	2021-04-01
89	重庆市	重庆市生态环境局关于印发重庆市长江入河排污口整治工作方案的通知（渝环〔2021〕59号）	http://sthjj.cq.gov.cn/zwgk_249/zfxxgkml/zcwj/xzgfxwj/202107/t20210713_9468940.html	2021-04-30
90	重庆市	重庆市人民政府办公厅关于全面推进城镇老旧小区改造和社区服务提升工作的实施意见（渝府办发〔2021〕82号）	http://www.cq.gov.cn/zwgk/zfxxgkml/szfwj/xzgfxwj/szfbgt/202108/t20210816_9586649.html	2021-08-11
91	重庆市	重庆市人民政府办公厅关于印发重庆市水安全保障"十四五"规划（2021—2025年）的通知（渝府办发〔2021〕105号）	http://www.cq.gov.cn/zwgk/zfxxgkml/szfwj/qtgw/202110/t20211018_9816461.html	2021-09-30
92	重庆市	重庆市人民政府关于重庆市渝西水资源配置工程受退水区水污染防治规划（修编）的批复（渝府〔2021〕65号）	http://www.cq.gov.cn/zwgk/zfxxgkml/szfwj/qtgw/202111/t20211126_10042104.html	2021-11-23
93	重庆市	重庆市人民政府办公厅关于着力提升城乡防洪能力的通知（渝府办发〔2021〕141号）	http://www.cq.gov.cn/zwgk/zfxxgkml/szfwj/xzgfxwj/szfbgt/202112/t20211213_10155408.html	2021-12-01
94	广西壮族自治区	广西壮族自治区生态环境厅关于推进广西典型行业主要污染物排放自动监测数据标记和电子督办试点有关工作的通知（桂环函〔2021〕92号）	http://sthjt.gxzf.gov.cn/zfxxgk/zfxxgkgl/hbzw/gwtz/t7686110.shtml	2021-01-15
95	广西壮族自治区	广西壮族自治区生态环境厅关于印发《广西火电、水泥和造纸行业排污单位自动监测数据标记规则（试行）》的通知（桂环函〔2021〕420号）	http://sthjt.gxzf.gov.cn/zfxxgk/zfxxgkgl/fdzdgknr/hjglywxx/pwxk/t8355364.shtml	2021-03-23
96	广西壮族自治区	广西壮族自治区住房城乡建设厅关于做好2021年全区城市排水防涝安全及重要易涝点整治工作的通知（桂建函〔2021〕201号）	http://zjt.gxzf.gov.cn/zfxxgk/fdzdgknr/wjtz/t8362393.shtml	2021-03-24
97	广西壮族自治区	广西壮族自治区生态环境厅关于印发漓江南流江九洲江钦江等重点流域水环境综合治理2021年工作计划的通知（桂环发〔2021〕16号）	http://sthjt.gxzf.gov.cn/zfxxgk/zfxxgkgl/fdzdgknr/hjglywxx/ssthhysthjgl/t8940482.shtml	2021-05-18

续表

序号	区域位置	名称及文号	网址链接	发布时间
98	广西壮族自治区	广西壮族自治区住房城乡建设厅关于广西城市管网及污水治理（城镇污水处理提质增效项目）中央转移支付2020年度绩效自评报告公开通告	http://zjt.gxzf.gov.cn/zfxxgk/fdzdgknr/wjtz/t9343382.shtml	2021-06-30
99	广西壮族自治区	广西壮族自治区人民政府办公厅关于印发广西城市内涝治理实施方案的通知（桂政办发〔2021〕66号）	http://www.gxzf.gov.cn/zfwj/zzqrmzfbgtwj_34828/2021ngzbwj_34845/t9555140.shtml	2021-06-30
100	广西壮族自治区	广西壮族自治区住房城乡建设厅关于印发《广西壮族自治区城镇老旧小区改造技术导则》的通知（桂建城〔2021〕25号）	http://zjt.gxzf.gov.cn/zfxxgk/fdzdgknr/wjtz/t11079595.shtml	2021-12-29
101	广西壮族自治区	广西壮族自治区住房城乡建设厅关于印发《广西壮族自治区城镇老旧小区改造"十四五"规划（2021—2025年）》的通知（桂建城〔2021〕29号）	http://zjt.gxzf.gov.cn/zfxxgk/fdzdgknr/wjtz/t11098886.shtml	2021-12-31
102	宁夏回族自治区	宁夏回族自治区人民政府办公厅关于推进城镇老旧小区改造工作的实施意见（宁政办发〔2021〕11号）	https://www.nx.gov.cn/zwgk/qzfwj/202103/t20210316_2628398.html	2021-03-04
103	宁夏回族自治区	宁夏回族自治区人民政府办公厅关于印发《自治区支持建设黄河流域生态保护和高质量发展先行区的财政政策（试行）》的通知（宁政办规发〔2021〕6号）	https://www.nx.gov.cn/zwgk/gfxwj/202108/t20210819_2982151.html	2021-07-31
104	宁夏回族自治区	宁夏回族自治区人民政府办公厅关于印发宁夏回族自治区水安全保障"十四五"规划的通知（宁政办发〔2021〕82号）	https://www.nx.gov.cn/zwgk/qzfwj/202111/t20211117_3133034.html	2021-11-03
105	宁夏回族自治区	宁夏回族自治区人民政府办公厅关于印发宁夏回族自治区城市内涝治理系统化实施方案的通知（宁政办发〔2021〕98号）	https://www.nx.gov.cn/zwgk/qzfwj/202112/t20211228_3258363.html	2021-12-14
106	宁夏回族自治区	宁夏回族自治区生态环境保护领导小组办公室关于印发《宁夏回族自治区"十四五"主要污染物减排综合工作方案》的通知（宁生态环保办〔2021〕14号）	https://sthjt.nx.gov.cn/zwgk/hjgh/zxgh/202112/t20211229_3631488.html	2021-12-28
107	西藏自治区	西藏自治区人民政府关于印发西藏自治区江河源保护行动方案的通知（藏政发〔2021〕21号）	http://www.xizang.gov.cn/zwgk/xxfb/zfwj/202111/t20211126_271580.html	2021-11-18
108	新疆维吾尔自治区	新疆维吾尔自治区人民政府办公厅关于进一步强化水资源保护管理的实施意见（新政办发〔2021〕80号）	http://www.xinjiang.gov.cn/xinjiang/c112545/202201/734dad91f3be439aa35ce5fc8616c30d.shtml	2021-09-04